城市更新与
经济评估研究
——以珠海市为例

CHENGSHI GENGXIN YU
JINGJI PINGGU YANJIU

赵自力　著

中南大学出版社
www.csupress.com.cn
·长沙·

前言 / Foreword

《城市更新与经济评估研究——以珠海市为例》以城市更新经济评估工作为研究对象，总结了城市更新工作的历史由来、发展历程、城市更新相关政策及当前面临的问题、经济评估工作的背景及在城市更新中的重要性，研究了城市更新经济评估工作机制及发展现状。以信息技术为载体，构建了城市更新经济评估工作规划决策模型及系统平台，并通过典型案例评价模型效果，揭示了信息技术环境下城市更新工作规划决策科学化的途径，对规划决策支撑和城市更新信用信息管理提供了依据。

本书的章节安排如下：

第1章：绪论。本章是全书总领，首先阐明了城市更新的背景、起因、目的及意义，引出了城市更新项目经济评估的背景和主要内容，指出了进行城市更新经济评估模型研究的重要性。然后对全书总体框架进行了简要介绍，最后梳理了城市更新相关理论基础。

第2章：城市更新的发展历程。本章对国内外城市更新发展历程及实践进行了总结梳理，还介绍了从国家到政府针对城市更新的一系列政策体系。

第3章：城市更新经济评估工作机制。本章首先提出了城市更新工作中经济评估所占的重要地位，然后通过对政策文件的详细研究分析了城市更新经济评估工作的依据、原则、主体及要素，最后依据政策整理出了经济评估存在的问题并针对问题提出了解决方案。

第4章：城市更新项目经济评估决策模型研究及系统建设。本章在研究城市更新项目经济评估要素和数据标准体系的基础上，提出了一种面向城市更新改造项目"投资收益—容积率等指标控制"问题的经济评估系统解决方案。基于计算机网络技术、数据库技术、GIS、大数据等技术，研究建立了经济评估数学模型，研发了经济评估模型软件系统，并以城市更新信息化平台建设为抓手，实现了城市更新经济评估工作的标准化和规范化管理，用数据说话，为辅助经济评估项目决策提供了科学依据。

第5章：典型案例分析。本章结合城市更新内容与方式，选取了五个城市更新项目案例进行实例验证，并对实验结果进行了问题分析和总结。案例分析一方面说明了经济评估模型的实际应用，另一方面也验证了模型的可靠性，一定程度上保障了测算结果的合理性、准确性，为城市更新项目规划方案的科学编制提供了支撑。

第6章：研究结论与展望。本章对本书的研究成果进行了系统性的概括，总结了研究创新点，对研究过程中遇到的问题难点做了整理分析，最后展望了未来城市更新理论及经济评估模型新探索。

《城市更新与经济评估研究——以珠海市为例》丰富了城市更新工作规划决策理论，系统梳理了城市更新及经济评估的政策体系及发展现状；实践上，通过以城市更新大数据中心、经济评估决策模型、城市更新信息化平台为载体，进一步完善了"用数据说话、用数据决策"的智慧城市建设机制，将城乡规划、城市更新、管理和多层次应用服务体系相结合，并将其逐步应用于前期市场分析、项目经济测算、项目可行性研究、规划设计和建筑设计、项目策划定位、税收、金融、法律等领域。

城市更新项目除了会涉及一般建设项目的筹备、管理和建设外，还涉及相关利益主体的复杂关系、历史文化遗产的保护等文化、经济、社会问题。随着城市建设的不断发展，城市更新项目将会变得更为复杂，所涉及的信息也会越来越多。因此，需要基于信息化新技术、新方法持续开展信息收集及方案决策模型研究。

目录 / Contents

第1章 绪 论

1.1 城市更新的背景

1.1.1 城市更新起源

城市更新运动起源于 20 世纪 50 年代的美国，与郊区化和城市中心区衰退密切相关。在郊区化造成城市中心区不断衰退之后，随着城市用地的增加及人口规模的扩大，客观上要求中心区发挥相应的规模和集聚效应，即城市的"再城市化"过程，于是引发了城市更新运动(俞孔坚，2000；李建波，2003)。

之后随着各国和地区城市历史的推进，城市在结构和功能上出现了一系列衰退，即与城市新的功能要求之间出现了巨大的差距，于是城市更新逐渐成为目前各国城市规划建设方面的重点。

概括而言，城市更新即指针对城市发展过程中结构和功能的衰退以及随之带来的城市环境、生态、形象以及综合竞争力的下降，通过结构与功能调整、环境治理改善、设施建设、形象重塑等手段使城市保持发展活力，实现持续健康发展，并提高综合竞争力的过程。

由于城市是一个复杂的巨系统，既包括物质形态方面的建筑、基础设施、生态绿地等层面，又包括非物质形态的社会、经济、文化等元素，因此，现代城市更新已不再仅仅归结为消灭低劣的建构筑物，代之以现代化的建构筑物，而应该是涉及城市全面的自然、社会、政治，甚至是经济、工程等诸多要素，以改善城市的整体功能。只是由于不同城市发展过程不同，所处阶段不同，形成现状主要原因不同，导致城市更新的侧重点也有所不同而已。

1.1.2 中国城市更新的背景

从时间上看，中国的城市更新研究比欧美国家晚。中国是在 20 世纪 80 年代后，社会经济快速发展，在城市社会经济发展的压力下才提出系统有效的研究的。而在 100 多年的研究中，欧美国家对城市更新的研究已遍及物质层面、经济层面、社会层面，参与的学科多而复杂，技术人员、规划设计人员、地理学人士、社会学专家、经济管理研究者等从不同的角度审视了城市更新的各个方面。

1984 年和 1987 年中国住房和城乡建设部分别在合肥和沈阳召开了两次全国旧城改造经验交流会，对全国各城市的更新改造工作起到了积极的推动作用。进入 90 年代，城市更新在全国范围内大规模地推广开来。

改革开放以来，我国经历了世界史上规模最大、速度最快的城镇化进程，随着我国城镇化率超过 50%，粗放式的城市增长模式带来的土地低效利用、城市快速扩张以及资源过度消耗等问题，使得经济发展与生态保护的平衡不断被破坏。2012 年，《中国国土资源公报》提出了"十二五"期间"单位国内生产总值建设用地下降 30%"的总体目标，这意味着城市建设用地已进入"存量规划"时代，需要通过城市更新等手段来促进建成区功能的优化、调整。2015 年年底召开的中央城市工作会议则明确提出，当前要提倡"城市修补"，这对当下城市更新路径的理论与实施来说，既是机遇又是挑战。

从最初只会推倒重建缺乏整体规划的 1.0 时代，到追求"增量增长"的 2.0 时代，再到高品质物业需求驱动下从"量"到"质"转变的 3.0 时代。城市更新伴随着中国大中城市过去 30 年的高速发展，迎来了以存量焕新、内涵增值为发展诉求的全新 4.0 时代，城市更新话题始终围绕着城市经济、建设的每一个环节。城市更新 4.0 是中国城市发展过程中一个极为重要的阶段，在建设智能、高效、可持续发展的城市中心的浪潮下，城市更新 4.0 将推动城市现代经济发展迈入下一阶段，并在城镇化快速推进、城市环境日新月异的进程之中，为城市物业资产的长期保鲜保值提供了保证(吴志强，2010)。中国城市在思考如何更新或改造它们现有物业资产时，必须考虑到未来市民对于不动产的要求。只有当我们对此有了清晰的了解以后，才能够以一种可持续发展的方式来对现有物业进行更新和改造，国内外一系列成功案例表明，城市更新可以令那些日渐陈旧、收益低下或业已闲置的重要资产焕发出新的生命力。现时珠海市可开发建设用地面积逐年减少，意味着其将来的发展主要依赖二次开发，适逢粤港澳大湾区迎来国家级的战略发展机遇，作为身处其中的核心城市之一，通过城市更新实现城市的可持续发展成为前提和必然。

近年来珠海市中心城区人口大量增加，城区范围内交通拥堵、基础设施落后等问题愈加凸显，与珠海市"生态文明新特区、科学发展示范市"的定位有一定差距，使得面向解决和改善城市居民生活环境的城市更新改造工作受到了各方的关注(张浩彬，2019)。在这种背景下，珠海市出台了城市更新的一系列相关政策，开始开展包括综合整治、功能改变、拆除重建在内的城市更新活动。

1.1.3 城市更新中经济评估的背景

为了解决和改善城市居民的生活环境，城市更新改造工作受到了各方关注，各地政府部门也从政策上给予了相应支持。城市更新改造工作有其特殊性，除了技术上的困难，基础设施建设投入资金往往也比较大。但是从我国目前实际情况看，政府现阶段还没有能力对旧城改造等工作投入足够的资金，所以现行条件下的城市建设和投资特点决定了土地开发尤其是旧城改造，必须走资金平衡的道路，即通常所说的政府不投钱，也不从旧城改造中获得收益（体现投入产出平衡的原则）。因此，在做好组织工作的同时，引导市场资金参与到城市更新工作中来成了一种必然的选择。

作为开发商，作为市场经济条件下标准的"经济人"，只有在盈利的情况下才会承担项目的开发投入，旧城更新改造才能顺利推行（尹贵，2010）。所以旧城开发项目必须满足特定场合下的特定开发条件（经济收益），房地产开发商才会认为"该项目开发可行"，也即城市更新改造项目中的开发商的总产出不仅包括应收回的成本，还应包括开发商应得的合理利润。

城市更新工作的开展，涉及面极广，牵涉的工作从用地获取（国土部门）、规划编制、规划修改到土地平整，从拆迁安置、规划设计到建筑安装等，是一项异常繁杂的系统工程。工作开展的繁杂性，加上不同部门在工作开展上的联动性较差，使得单一的地方规划主管和审批部门不可能对工作的各个方面都了如指掌，这就造成了事实上的政府部门监管盲区。而以逐利为根本目的的开发商，其在项目申报过程中，为了获取丰厚的利润回报，往往会在关键的经济指标上做文章。

为达到城市建设的可持续发展，城市更新规划应当达到社会—生态—经济的三赢，缺失社会及环境效益的经济诉求并不符合城市更新与可持续发展的要求，如图1-1所示。城市规划经济评估的前提是必须保证规划能适应社会发展的需求，并在一定程度上改善居住环境以及居住质量。经济效益本身涉及两个方面：投资项目在开发过程中得到的直接经济效益，以及通过社会及环境效益而得到的非直接经济附加值。前者可以通过剩余价值等方法计算得出，而后者却因间接关联复杂而很难准确评估。整个评估过程是一个涉及多学科的高度合作的研究，它离不开规划师、建筑师、景观设计师、房地产分析师、社会学者以及环境工程专家的密切合作。

以珠海市为例，近年来珠海市中心城区人口大量增加，城区范围内交通拥堵、基础设施落后等问题愈加凸显，与珠海市"生态文明新特区、科学发展示范市"的定位有一定差距，使得面向解决和改善城市居民生活环境的城市更新改造工作受到了各方的关注。2016年1月7日，针对频繁的城市更新活动，市委常委会议提出了"要建立数字城市模型，科学谋划三旧改造项目，进一步控制建设用地容积率"的工作要求。2016年7月13日，珠海市政府主要领导主持召开的研究"三旧"改造城市更新工作会议再次要求市规划局收集申请提高容积率等控规调整的个案，梳理分类，严格把关，研究制定统一解决的规则和办法（张浩彬，

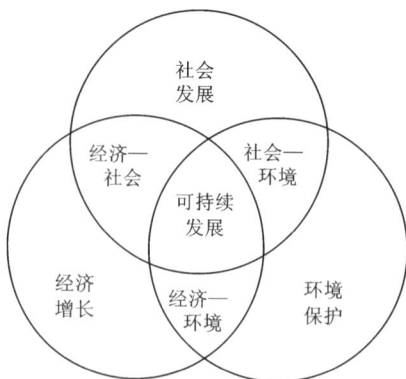

图 1 – 1　可持续发展的构成要素

2017）。

　　比如，在一系列意见和办法中，《珠海市城市更新管理办法》建立了城市更新项目"一规划四评估"的机制。其中，经济评估是项目容积率调整的一个重要参考。作为决策者的地方政府，在项目审批工作中，面对开发商提出的以容积率为主要指标的经济诉求，需要首先做好项目的经济评估工作，才能在与开发商的博弈中掌握用地审批等工作的主动权，不被开发商所主导，保证城市更新工作的顺利开展，并保护好公众的合法权利。但是，在实际工作过程中，现有的经济评估工作往往会对规划或交通形成过高要求，缺乏有效的手段对评估主体进行高效管理和约束，也缺乏标准化、信息化的技术手段支撑，导致片面追求经济效益，使得城市更新中用地布局不合理和开发强度过高，老城区承载了更多的人口压力，加大了老城区交通设施、公共服务设施等基础设施的负担。对项目申报主体提交的经济评估成果，地方城市更新主管部门往往缺乏指导及有效的校核手段。因此，迫切需要建立一套公平合理的城市更新项目经济评估长效机制，更好地辅助政府引导市场运作。

1.2　城市更新的目的及意义

1.2.1　城市更新兴起的原因

　　中国城市更新发展的主要因素是：中国自改革开放以来，随着商品经济的发展与社会主义市场经济的逐步形成，城市经历着急剧而持续的变化，城市经济发展速度大大加快,旧城更新改造也以空前的规模和速度展开。究其原因,主要有两方面。一方面是由于中国旧城底子薄,欠账多,长期以来又缺乏有效的政策引导和雄厚的资金保证,许多旧城都普遍存在布局混乱、房屋破旧、居住拥挤、交通堵塞、环境污染、市政和公共设施短缺等问题,不能适应城市经济、社会发展和改革开放的需要,并危及城市和历史遗产的保护与继承,造成严重的社会问题,旧城改造更新迫在眉睫。另一方面,则是由于中国日益紧张的土地资源问题,城市的空间形态将由以水平方向拓展为主的平面形态向以调整配置组合再开发为主的立体形态转变,城市建设将由外延转向内涵发展。

城市产业和功能结构的调整,使得旧城中心地区由传统的居住、商业、工作、管理混杂的用地结构向以第三产业为主的中心商务区转变;土地批租市场的建立和土地级差地租的经济杠杆作用,使得城市土地结构重新按照土地经济的内在规律进行调整,改变了土地的不合理使用,改善了旧城的功能结构和布局;城市整体经济实力的增长及房地产市场的推动,使城市更新由"投入型"转向"产业型",房地产的效益增加了城市更新的活力,极大地推动了城市改造和建设的步伐(曹李,2017)。

1.2.2 城市更新的目的

多地的城市更新办法明确:城市更新的目的是进一步完善城市功能,优化产业结构,改善人居环境,推进土地、能源和资源的节约集约利用。

尽管各个城市更新计划、方式不同,但其实质性目的可归纳为以下几个方面:一、调整有碍城市发展的用地,使之合理化,提高土地的使用价值;二、改善城市环境,补充公共设施,提高城市的吸引力;三、对功能衰弱的城市结构加以调整,给城市注入新的生命力;四、增强城市防灾能力;五、限制零星改建,提倡综合开发。

总而言之,城市更新是为了改善不良的旧城环境,疏散旧城过于拥挤的居住人口,保护和恢复旧城区的历史文化特征,保持和增强城市的社会文化品质,增加绿地和公共开放空间,美化旧城环境,新建各种社会文化服务设施,提高城市的环境品质,构筑良好的城市形象,改善城市的投资环境(阳建强,2012)。整治和改善旧城区道路和市政设施系统,使旧城区适应现代化城市交通和各项现代化城市基础设施的需要。

从城市社会环境整体来看,城市局部更新改造所产生的影响要远远超过这些实质性的目的,因为现代城市更新除这些实质性目的外,还有社会、经济和政治性的目的,它们之间的关系相互交叉,其中社会目的是清除贫穷引起的社会问题,提供就业机会,改善生活,缓解阶级矛盾等;经济目的是增强城市活力,改善政府财政,创造就业机会,增加投资效益等;政治目的是改善政府形象,唤起民众意识，促进公众参与等。城市更新面对的问题具体而又复杂，涉及各种各样的利益冲突，因此想得到较理想的综合效益，必须有包括政策、立法、措施、计划和行动过程的综合规划体系来保证。

1.2.3 城市更新研究的意义

城市更新研究在很大程度上能避免盲目的拆建重建工作，对于当下推行的节约型社会的构建具有重要意义。关于城市更新，可以将其理解为城市生命力的延续，这种方式不会轻易改变城市本身的主体属性，各种重要服务设施、绿地依旧在那里，它们所服务的大众也依旧生长于此，感情得以寄托，精神得以传承。

城市更新中问题的产生，很大程度上在于城市规划中利益相关平衡的失调，政府在市场运行机制的基础上，通过经济手段最大限度地提高城市土地的利用效率，出让土地而得的财政收入投入到基础设施的建设中来，使得城市规划进一步偏重效益（吴晨，2002）。面对这种现象，在城市更新过程中亟待平衡相关主体的利益，在最大化地保证公益性城市空间建设与维护的同时，使城市更新方案也能实现一定的公平性和经济保障。

比如，在城市更新中开展经济评估研究，运用"投资—收益—容积率"指标协调理念研究经济评估模型。在城市经营角度下以城市规划和经济学理论为基础，通过政府和开发商在城市更新开发活动中的利润反哺公益性城市空间的维护建设，进而在规划的编制过程中测算城市更新规划方案下的开发投资、收益和容积率，并进而优化更新项目中多种参数的协调配置，平衡公共利益和商业利益，最大化地提高社会福利和城市更新效果（黄明华，2010；黄涛，2009）。

1.2.4 城市更新的经济动因

在边际效应的原理上，如果建成区的地租或土地成本大幅升高，最佳开发密度值随之升高，会促成新一轮高密度的城市改造更新项目；如果地租或者土地成本降低，开发密度值随之降低，无论降低程度如何也不会促成自发的城市改造更新以降低现有的城市密度（黄肇义，2001）。当一定容积率的开发无利可图时，城市密度将保持原有开发密度不变，除非当现有房屋条件非常破旧或处于荒废状态，需要大量资金进行修葺保存时，才有可能引发市场进行城市更新，长期处于闲置甚至荒废状态的建筑会使得该地区的房租进一步下滑，并进一步延后该地区的城市更新。该原理是某些地区衰败的经济原因之一。相反，在城市经济较为繁荣的地区，旧建筑的拆除更新周期会短很多。

一些学者以英国为例解释了城市发展与更新的经济动因：伦敦爱丁堡铁路沿线的小镇 Stamford 由于经济原因，150 年来城区一直基本保持原貌，附近地区甚至没有火车站。与之形成鲜明对比的是，由于英格兰东南部经济在过去两个世纪内的繁荣发展,该地区几乎没有一块土地不被现代城市更新运动所影响。

1.2.5 城市更新中经济评估的重要性

城市更新工作是一项长期、艰巨和复杂的系统工程,在改造过程中存在多方面的矛盾。如开发商、业主和政府的出发点不一致,那么如何平衡各方诉求,从中寻找它们之间的利益平衡点就显得极为重要。经济评估作为寻求各方利益平衡点的一种有效手段,能够最大化地保证公益性城市空间的建设与维护,保障城市更新工作的顺利推进。

1. 保障合理性

城市更新是一项长期、艰巨、复杂的系统工程,在改造过程中存在许多方面的矛盾。如开发商、业主和政府的出发点不一致,开发商希望容积率高一些、配套设施少一些、对业主的赔偿少一些,而业主与开发商则相反,希望开发商能够多赔偿(邝瑞景,2012)。政府在这种情况下如何平衡各方诉求,从中寻找它们之间的利益平衡点极其重要。经济评估有助于寻求利益平衡点,保障城市更新工作的顺利推进。

2. 保障可操作性

很多城市的更新工作进展缓慢甚至夭折往往是由于在项目初期没有算好经济账,低估了改造难度和成本水平,或者是资金链出了问题等。因此做好实际情况下的经济分析,从项目的利润、资金筹措、运营过程等方面对改造项目各个环节的内容进行评估,可以在理论上进行风险规避。

3. 保障计划性

城市更新过程中,政府往往需要通过各种各样的方式吸引开发商。如优惠政策、公共服务设施投入、交通市政设施投入等,这些方式都是需要政府来买单的。通过经济评估,政府可以较清晰地了解在城市更新方面的财政投入需求,以做好财政预算。同时也可以结合城市近期建设重点做好城市更新工作的推进计划,保证城市更新工作重点突破,稳步推进。

1.3 城市更新中经济评估的主要内容

城市更新项目"一规划四评估"机制包括以下几个方面:更新单元规划、交通承载力评估、经济测算评估、景观风貌/文保评估、公共服务设施论证。其中,经济评估是项目参数调整的重要指标。基于投资保证理念的城市更新经济评估模型的构建,主要是为了对城市更新方案中公益性城市空间的开发容量和最大供给能力进行测算。城市更新项目中经济评估的研究重点包括城市更新项目的经济测算模型、利益平衡分析、城市规划方案优化比选。

经济评估主要是基于城市更新过程中的利益平衡,结合城市规划的基本原理、城市土地经济学和房地产开发经济评估理论,引入政府、开发商、城市居民等城市更新中的利益主体,从城市经营的角度鼓励他们参与到公益性项目的设计、评估、开发过程中来,最大程度地与市场经济规律相结合。分析研究城市更新规划的项目开发成本、市场收益和民众最关心的容积率,在保证开发商一定利润率的基础上,评估城市更新规划方案以及经济评估指标的合理性,经过政府、开发商、城市居民协调解决各种指标,从而计算出不同开发成本和市场收益配比的城市更新备选方案,进而通过比较选择最优方案(王志,2009),以期望在城市更新中协调保护开发,实现公共利益与商业利益的平衡,为城市更新规划方案的编制提供科学合理的技术支持。

首先对城市更新中的相关利益主体进行分析,即主要针对政府、开发商和城市居民分析其利益诉求,对他们所关注的城市空间的开发成本、市场收益、容积率等方面进行量化评估,平衡其利弊得失,以指导城市更新规划方案的编制(马奔,2017)。

其次着重研究经济评估模型,要在尽量平衡各方利益诉求的基础上满足模型的合理性与普适性需求。选取与城市更新市场运作机制相关的基础理论,如城市土地经济学、房地产开发评估理论等,在城市规划基本原理的价值导向下,探讨城市更新规划项目中内在的市场经济规律、开发机制与合理的经济评估方案。

最后分析研究在不同开发成本和市场利益构成下的经济评估方案。根据上述相关理论,将一定利润率和市场收益下的营利性项目剩余价值作为城市更新的驱动来源,建立经济评估的数学模型,在具体的城市更新规划编制过程中,通过对营利性项目的经济测算,得到用地开发的价值剩余,评估城市更新规划设计方案中公益性城市空间的供给能力,在利益平衡的基础上测算各类开发指标,为规划控制指标的制定提供经济学上的技术支持,科学合理地评选出不同开发成本和市场收益分配下的城市更新项目规划方案。

1.城市更新项目的经济测算模型

城市更新研究以城市规划理论、城市土地经济学理论、房地产开发评估理论和经济评估数据标准体系为基础,经过数据调查、整理后,通过具体项目相关变量的细化,确定本次研究的变量因素。根据拟定的技术思路,推导出融资建设规模测算的数学模型。即通过对旧村庄、旧工业、旧城镇以及"烂尾楼"更新项目总成本进行核算，并与项目更新完成后的销售收入进行对比分析，进而推算出项目更新改造后的利润总额和成本利润率，为申报项目审查审批提供决策参考。

2. 利益平衡分析下的规划控制指标

现行体制下的城市规划管理手段主要是通过城市的控制性详细规划，对土地的使用性质、建筑面积、容积率、建筑密度等规划控制指标做出详细规定。然而在这类城市规划编制的过程中，往往缺乏对规划方案的科学理性判断，不能直接反映城市更新，包括城市土地开发的成本收益构成与相关规划控制指标之间的关系。经济评估研究在分析模型的基础上，能解释不同利益关系量化条件下与规划控制指标下的作用规律，为提高城市规划编制过程的科学性提供技术方案支撑。

3. 城市更新规划方案优化比选

城市更新涉及较多的利益主体，城市规划的编制过程中，规划师作为一个协调者，需要平衡相关利益主体的各种需求。通过数学模型的构建及其基础下的经济性与空间特征关系研究，可得到相应的城市更新方案。在其作用规律的基础上，对相关参数进行调节，即可优化比选不同假设条件下的空间形态差异，辅助和完善城市规划的编制过程，更好地协调城市更新中利益主体的冲突。

1.4 经济评估现状

城市更新是城市发展到一定阶段的产物，其宗旨是促进城市土地有计划的开发利用，完善城市功能，改善人居环境，传承历史文化，优化产业结构，统筹城乡发展，提高土地利用效率，保障社会公共利益。新常态的经济发展模式也将引起城市发展模式的转型：由增量土地的外延扩张转向存量土地的优化更新；由经济增长为核心的单一目标，转向经济、社会和环境可持续发展的综合目标。"新常态"发展模式下，城市更新已经成为城市发展的主要模式。

然而，针对城市问题所开展的城市更新并不会完全得以实现，究其原因，外部环境(包括体制、利益主体)的影响，造成了城市更新活动的偏差。城市更新的目的是最大限度地发挥城市功能，实现资源的公平公正分配，城市更新的设想、规划、实施整个流程是一个动态协调的过程。城市更新是一项复杂的系统工程，在更新过程中存在许多方面的矛盾。从其中最重要的三方来说，政府抱有一种公平取向，关注的是城市整体实力的增强，希望通过城市更新，逐渐完善城市的公共服务设施、基础设施、城市功能等，从而提高城市居民的经济收入、生活质量、工作环境等；开发商则要通过分析成本收益核算利润率，只有利润达到一定的水平，才会推动城市更新工作的开展，容积率、地价标准、代建基础设施数量和拆迁补偿成本等决定了开发商的利润；公众则往往从自身的利益出发，希望尽可能争取到更多的利益，提高生活质量（陆枭麟，2015；刘骏，2012）。城市更新多方主体目标的差异，导致城市更新活动寻求经济效益、社会效益、环境效益的平衡变得异常困难（蒋浩，2015）。在这一过程中，政府如何协调和平衡多方的诉求，尽可能将城市更新的利益惠及更多的普通民众，实现城市利益分配的公平、公正就显得至关重要。

近年来，许多城市的城市更新工作推进缓慢甚至夭折，往往是因为在项目开展前期没有做好经济分析，没能从项目利润、资金筹措、运营管理等方面进行有效的评估，低估了项目的成本水平和开展难度。因此，在城市更新工作前期开展经济评估是十分有必要的（王冀，2011）。一方面，通过经济评估，可以有效地规避这些风险；另一方面，通过经济评估，政府可以了解在更新项目过程中所需要的财政投入，如公共服务设施投入、交通市政设施投入、优惠政策等，从而做好预算，制订出有效的城市更新工作推进计划，保障城市更新工作的顺利推进。因此，在城市更新改造过程中开展经济评估工作极其重要。

1.5 城市更新相关概念

城市的发展有其生命周期，历史悠久的城市势必会面临经济功能与物质功能衰退的局面，从而衍生出经济无效率及社会秩序等问题，透过城市更新手段可促进城市土地有计划的再开发利用，复苏城市机能，改善居住环境，增加公共利益。

城市更新是指对城市内因为早期欠缺城市规划或是建筑物日久失修的区域展开全面或部分性的重建、整理及修葺工程，目的是使城市再次焕发生机。城市更新包含的内容较为全面，包括城市行政区域的转移、沿海码头的更新、城市结构变化和城市核心区域的转移等。我国对于城市更新的重点是对于旧城内住区的改造，它是持续完成并关系到城市居民日常生活的行为。

城市更新依其目的性可分为三大类型，分别为整建、改建与拆建。若依此针对城市地区进行更新，则可以集中公私部门间的有限资源进行有效率的更新。申请人应当提交申请书、申请人身份证明、房地产权属证书等材料，向区政府（管委会）城市更新主管部门提出申请。

整建：对基础设施等更新完善，不改变建筑主体结构和使用功能，又称修复工程。主要应用于居民住房与商业建筑领域，例如几十年楼房的整建，包括建筑物结构安全评估、外墙翻新、水管更换等项目工程。

改建：改变建筑使用功能，在不全部拆除的前提下，进行局部拆除或加建。

即在原有基础上改造建设，可以改变外形、特点、性质或作用。

拆建：拆除原有建筑物，重新建造，同时进行住户安置及区内公共设施改进，并须变更土地使用性质或使用密度。

申报计划：城市更新项目过程中的计划指标性内容，包括更新单元范围、现状建设情况、更新方向、更新类型（整治、改建、拆建）、项目开发周期等。

城市更新区域：用于实施城市更新工程的区域。具有以下情形之一的城市建成区可列为城市更新区域：

（1）危房集中或者建筑物不符合消防、交通等公共安全需要的；

（2）城市基础设施、公共服务设施急需完善的；

（3）环境恶劣，妨害公共卫生或者社会治安的；

（4）土地用途、建筑物使用功能低效落后，需要进行功能转换或者产业转型升级的；

（5）经市人民政府（以下简称市政府）批准的其他情形。

经济评估指标：主要是对城市更新项目的投资成本和合理利润率进行调研、分析和专家讨论研究，梳理并筛选经济评估涉及的要素和其他相关内容，最终确定经济评估的详细指标内容。

城市经营下的投资保障理念：城市经营的城市规划思想，是基于投资保障理念的城市更新规划分析方法的基础，其通过利用市场经济的运行机制，重组政府的各项职能，以企业化的运作方式，在城市开发建设中引入市场竞争，从而提升了城市空间的环境开发品质以及政府的管理和运作效率，兼顾了多方的利益。城市经营理念下，地方政府在公共资源的流通环节上，以一定的行政手段及法律政策，在市场经济规律的基础上，联合社会力量一同促成了城市的开发建设，形成了多元的城市经济体，如图 1 - 2 所示。

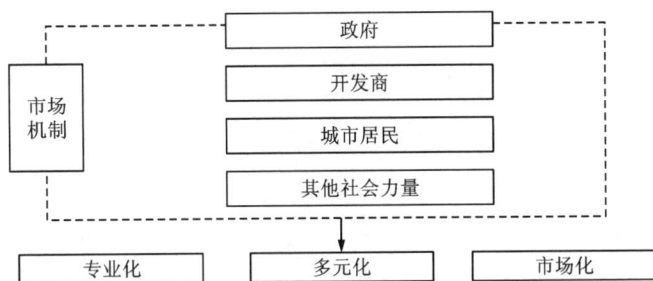

图 1 - 2　多元的公共资源开发体制

房地产开发评估：从经济学角度研究工程项目在整个项目周期内的资金运转情况，全面评估工程项目的经济可行性，从而进行投资决策，编制初步设计概算和制订融资方案。除了估算工程量、拆迁量和总造价等早期的经济评估之外，涉及开发商融资、资金的流入流出、风险、利息等的金融因素也被列入到开发成本的计算过程当中，用以全面分析项目投资效益和收益率。对拟建项目的财务可行性和经济合理性进行科学的分析论证，为投资者提供科学的决策依据（陈群元，2011）。

第2章　城市更新的发展历程

城市更新是城市发展中，对建成区城市空间形态和功能进行可持续改善的建设活动。在城市发展的不同阶段，城市更新的内涵也有所不同。西方城市更新的发展由来已久，在城市更新不断演变的过程中，对其的反思研究也一直在进行。同国外相比，国内的城市更新历程相对较短，本书更多的是以西方典型国家或城市的城市更新历程为对象，比较国内城市更新的演变特征，从而对国内的城市更新理论及实践进行指导。

2.1　国外城市更新发展历程及实践

近现代意义上的城市更新已经有200多年的历史了。城市更新从工业革命开始发展至今，在不同的历史阶段呈现出不同的特征，通过系统梳理，国外城市更新的发展历程大致可以分为以下四个阶段：18世纪后半叶至第二次世界大战（"二战"），第二次世界大战至20世纪70年代，20世纪70年代至20世纪90年代，20世纪90年代至今，如表2-1所示。

第一阶段，18世纪后半叶，在工业革命的推动下，人们的生产生活方式发生了巨大变化，城市经济快速增长，城市人口不断增加，城市化"运动"在全球范围内不断升级加速（李艳，2004；M Lashly-J，1995）。然而，当时由于城市建设管理经验的局限，缺乏有效的规划政策进行引导和控制，导致出现了市中心衰败、社会治安和生活环境逐渐恶化、城市特色消失等一系列城市问题。

第二阶段，面对上一阶段的问题与矛盾，西欧很多国家开始重视城市更新，并于"二战"后迅速成了各国最具影响力的城市政策，特别是欧洲、美国纷纷兴起的城市更新运动，在全球产生了十分深远的影响。

第三阶段，社区开始进入更新的舞台，更新方式从大规模拆旧建新转向小规模、渐进式的改善，更新重点也开始转向环境综合整治与邻里活力恢复的社区邻里更新。

第四阶段，形成了政府、开发商、社区和个人相互博弈的多元主体，在尺度和目标上是一种小规模的物理环境、社会环境、经济效益、生态效益、公众参与的多重改善过程。

表 2 - 1　国外城市更新活动发展历程

时期	指导思想	更新特征	更新内容	更新机制
第二次世界大战以前	物质更新	伴随城市发展缓慢进行	注重建筑或单一目标更新	政府主导
第二次世界大战后—20世纪70年代	物质更新	大规模推倒重建	清除贫民窟,解决城市过分拥挤等问题	政府主导
20世纪70年代—20世纪90年代	社会层面的更新	小规模、渐进式改善	复苏经济、优化环境、解决社会问题等诸多方面更新,开始对邻里关系及现有生活方式予以维护	开始探索多元主体参与更新
20世纪90年代至今	人本主义、可持续多目标的综合更新	小规模、渐进性的社区邻里更新模式	经济、社会、文化等多目标的更新,同时重点关注城市中人的感受	政府、社区、个人和开发商、工程师、社会经济学者的多边合作

2.1.1　功能重构阶段

1. 面临现状

18世纪后半叶在英国兴起的工业革命,使得农村和城市生活产生了巨大变化,原本以农业以及手工业为生的人群开始大量涌入城市,城市空间形态受到了极大冲击。特别是20世纪初,欧洲工业革命进入顶峰状态,经济高速发展,技术不断突破,到1930年全球人口达到30亿,城市人口剧增,出现了建筑密度加大、交通拥挤、工业污染、居住条件不断恶化等诸多问题与矛盾,城市空间已无法满足人们的居住、工作等需求,引起了各阶层人士的广泛关注。

2. 重要思想

这一时期,出现了一系列关注城市未来发展方向的讨论,如罗伯特·欧文

（Robert Owen，1771—1858）提出的"新协和村（New Harmony）"，主张建立崭新的社会组织，居住人口500~1500人，村内有公共设施，住房附近有生产作坊，村外有耕地、牧场，村子集生产、生活、教育等于一体，有自己的工厂和公共设施，自给自足，统一分配（吴志强，2010）。傅立叶（Charles Fourier，1772—1837）提出以法郎吉（Phalange）的生产者联合会为单位，建立1500~2000人组成的公社，以社会大生产替代家庭小生产，减少家务劳动（简·雅各布斯，2009）。这些早期的空想社会主义者提出的设想和理论学说，开始把城市作为一个经济实体、一种社会现象，具有里程碑式的意义，也是后续规划理论的历史渊源。1898年，霍华德（Ebenezer Howard）发表了《明天——一条引向真正改革的和平道路》（Tomorrow：a Peaceful Path towards Real Reform）一书，针对当时城市所面临的拥挤、卫生等问题，提出了建造"田园城市"的思想，目的是通过构建"乡村"式城市来限制城市的不断膨胀，转移产业，解决中心城市的住宅和交通问题（阳建强，2012），田园城市理论试图从"城市—乡村"这一层面来解决城市问题，从而跳出了就城市论城市的观念，把城市更新放在了区域的基础上，这为后来雷蒙·恩温、贝里·帕克的"卫星城理论"和伊里尔·沙里宁的"有机疏散理论"打下了思想基础。1909年，丹尼尔·伯纳姆（Daniel Burnham）的"芝加哥规划"，标志着"城市美化运动"（City Beautiful Movement）的正式开始。城市美化运动的核心思想是恢复城市中由于工业化而失去的视觉的美和生活的和谐，其目的在于创造一种新的城市物质空间形象和秩序。从倡导者的愿望来说，城市美化应至少包括城市艺术、城市设计、城市改革和城市修葺这几个方面的内容（俞孔坚，2000）。格迪斯（S. P. Geddes）针对工业革命后大城市过分拥挤产生的系列矛盾，提出了采用绿地手段来解决城市卫生防灾以及社会问题的方法，并在其1904年发表的著作《城市发展：公园、花园和文化机构的研究》中，更进一步从文化的角度来观察研究及从历史的角度审视了城市的发展。伊里尔·沙里宁（Eliel Saarinen）提出了"有机疏散"理论，认为应建立"半独立"城镇来缓解城市中心区域的拥挤问题，并在1934年他写的《城市：它的成长、衰败与未来》（The city：Its Growth，Its Decay，Its Future）一书中对有机疏散的整个理论体系及原理做了系统阐述，即把城市看作一个有机体，把人们日常的生活、工作尽可能集中布置在一定的范围内，使交通量降到最低；不经常的"偶然活动"场所，则作分散布置，设置通畅的交通干道，以较高的车速迅速往返。通过完善城市机能组织，避免穿越和干扰，减少人的通勤时间，缓解城市交通拥挤（阳建强，2012）。勒·柯布西耶（Le Corbusier）通过对20世纪初的城市发展规律和城市社会问题的关注、思考和研究，提出了关于未来城市发展模式的设想，即"现代城市"的理想，希望通过对现存城市尤其是大城市本身的内部改造，使其能够适应未来发展的需要。他的这一理性功能主义城市规划思想集中体现在由他主持撰写的《雅典宪章》（1933年）之中。

2.1.2 战后重建阶段

1. 面临现状

第二次世界大战结束以后,欧洲很多国家的城市大都经历了战火硝烟,受到了不同程度的破坏,迫切需要进行战后重建与恢复。这期间,虽然很多国家的住宅建设突飞猛进,但是仍有许多城市遗留了很多非标准住宅,大量的贫民窟一时也无法完全清除,人们越来越不满足于破旧的、拥挤的居住环境。为了满足人们强烈的更新愿望,改善城市形象,西欧各国的许多城市开始将城市更新的重点放在战后重建与恢复工作上,大规模清除贫民窟,在原区域地址上新建购物中心、商务中心。

最先对城市更新重视起来的国家是英国,1930 年,英国颁布著名的格林伍德住宅法(Greenwood Act),这一法律实际上是一个贫民窟清除计划,即采用"建造独院住宅法"和"最低标准住房"相互配合的办法,改造贫民窟居住环境,在原来的改造地段建造廉价的多层出租用公寓,并利用国家财政对贫民窟清除计划提供帮助,"二战"后,英国在全国范围内开展了大规模的贫民窟清除运动,这一方法在当时颇有影响。随后,美国的城市更新运动也开始兴起,并在 1937 年颁布了美国住宅法(Housing Law),对城市内的贫民窟予以清除,同时为那些中低收入的居民提供公共住房。1954 年,这一法案再次被修订,新修订法案也是清理和重建城市衰败地区。

西方城市在此阶段拟定实施了宏大的战后重建计划,城市更新亦采取的是大规模推倒重建的方式,目的是扫除战后的瓦砾,清除贫民窟,全面提升居民生活环境与城市形象。通过一系列的战后重建政策,大大提升了城市的生活品质。但也带来了很多不良后果,政府及决策者只是单纯地从表面的物质上进行了改造,并没有考虑到原有贫民窟居民的心理健康成本和社区关系破坏成本,也没有解决贫困人口的经济来源,这就为社会发展埋下了隐患。

2. 重要思想

"二战"后,城市更新实践深受形体规划的城市改造思想影响,他们倾向于用一种崭新的新理性秩序代替现有的城市结构。例如,柯布西耶的巴黎中心区改建方案,试图用一座新城取代原有的巴黎。1946 年夏普(T. Sharp)的《凤凰涅槃:为重建而规划》(Exert Phoenix:A Planning for Rebuilding)和基布尔的《城乡规划的原则与实践》(Principles and Practice of Town and Country Planning)成为战后城市规划新的思路和标准,但是大规模的以形体规划为主体的城市改造并不能有效解决城市问题,有些反而给城市带来了极大的破坏。针对当时城市更新所出现的种种问题，学者们进行了深刻反思。Lashly 以"Berman v. Parker"这一社区为例，认为哥伦比亚特区政府以清理贫民窟为由，在看似合乎理法的前提下，实际上是对该社区进行了大量私有财产的剥夺，但这些财产是否为贫民窟所有仍存在争议，最高法院对贫民窟清理的法律有效性的坚持，更使得这一行为被附上了人权剥夺和社会歧视的意味(M Lashly – J, 1955)。简·雅各布斯(Jane Jacobs)针对当时美国大城市普遍出现的城市中心区衰败的现象，通过自己的观察和思考，在其 1961 年发表的《美国大城市的生与死》(The Death and Life of Great American Cities)中对现代城市规划和城市建设进行了无情的批判，她认为现代城市规划理论破坏了城市的多样性，进而否定了霍华德、勒·柯布西耶等人的现代规划理念，她主张以小规模的改造方式，实现社区网络和文脉的延续，保持并创造城市的多样性(简·雅各布斯, 2009)。刘易斯·芒福德(Lewis Mumford)认为清除贫民窟仅是从表面对城市进行了更新，城市更新不能不切实际地追求大规模的表层改造，并在其著作《城市发展史》中阐述了他对西方国家城市发展史的思考，他主张城市建筑和改造应该以人为中心，符合人的尺度，注重人的生理需求、社会需求和精神需求，反对追求巨大和宏伟的巴洛克式城市改造更新。

2.1.3　邻里重建阶段

1. 面临现状

从 20 世纪 70 年代起，简单粗暴的大规模拆建的模式导致了传统城市空间结构的破坏，许多城市中心区域出现了日趋恶化的荒废现象，造成了土地和建筑废弃、环境质量下降、失业人口增加等一系列问题的出现。

西方国家开始改变自己的城市更新理念与更新方法，并且通过公共政策引导城市更新，恢复传统城市中心的活力，这时的城市更新不再是单纯的拆建旧城，而是转变为复苏经济、优化环境、解决社会问题等诸多方面的更新。城市更新运动开始更多地强调社区居民的积极参与，其主要目标是改善生活环境质量，创造就业机会，维护原有的邻里关系及生活方式等。这种小规模的由社区内部自发产生的、自下而上的"社区规划"，已经成为 80 年代城市更新的主要方式(曹李, 2017)。此外，各国纷纷开始重视保护原有的城市结构，在修缮的过程中强调保护传统建筑，改造现有的街区、道路，使之更好地满足人的需求，并能引入原居民的积极参与，做好回迁工作。

这一阶段，城市更新方式已经发生转变，开始提倡并探索基于社区邻里建设的小规模、渐进式更新，从而实现社区邻里的文脉延续。并且开始从关注城市物质形态更新转移到社会方面，同时开始探索多元主体参与更新，城市更新进入了社区邻里重建阶段。

2. 重要思想

这一时期，后现代主义思潮主宰了城市更新和发展，许多学者指出了传统仅以物质规划处理城市复杂的社会、经济、文化问题的致命缺陷，严厉批评了大规模的城市更新改造，开始关注渐进式规划和小规模的城市更新方式，同时文脉主义的理论在这一时期也得以发展。1971 年，舒玛赫(Thomas Schumacher)在《文脉主义：都市的理想和解体》(Contextualism：Urban Ideals and Deformations)中指出，对于城市中已经存在的内容，无论其形式如何都不能破坏，而应该设法将其融入城市，并成为城市的有机内涵。1973 年，英国学者舒马赫(E. F. Schumacher)发表了《小的就是美的》(Small is Beautiful)，他在书中指出了城市更新中大规模推倒重建的缺陷，强调应该考虑人的需求，主张采用"生产的人文尺度"(Human Scale of Production)和"适宜技术"(Appropriate Technology)。1977 年，国际现代建筑协会制订了《马丘比丘宪章》，该宪章指出"不仅要保存和维护好城市的历史遗迹和古迹，而且还要继承一般的文化传统，一切有价值的、说明社会和民族特性的文物都必须保护起来"。简·雅各布斯(J. Jacobs)在书中指出，在城市更新的推动下，原本的特色建筑、城市文明和城市财产被彻底摧毁，因为重建涉及对资源的重新分配，从政客到房地产商都在追逐其所蕴藏的利益，虽然部分建筑师也为之欢欣鼓舞，但是民众，真正需要生活的民众却因之受害，雅各布斯认为柯布西耶的现代城市规划抹杀了多样性，并对其进行了无情的批判。

2.1.4 人本主义阶段

1. 面临现状

20 世纪 90 年代以后，世界经济进入了全球化时代。社会经济的发展使得城市中心地区人口、商业办公、工业等大量外迁，各国各城市中心地区的内城功能衰退现象都很严重，并且出现了资源枯竭、环境破坏和污染、人口爆炸、贫富差异、种族歧视等问题。此时，早在 1972 年联合国人类环境研讨会上提出的可持续发展理念在全球已成共识，城市环境绿皮书(CEC, 1990)认为，可以通过相关政策提升城市环境，而如何将城市更新作为可持续发展的一种政策、一种手段，成为对西欧各国的重大挑战。

在这一过程中，城市更新的目标越来越多元化，内容也更为丰富。

这一过程中，城市复兴的思潮开始兴起。城市复兴是一个系统性的方法，用于重建城市空间结构，在完善基础设施的同时改善城市自然功能，它的目标是通过物质、环境、文化、工业和经济方面的共同发展来促进城市的可持续增长，让城市原有的人文价值意识形态慢慢得到恢复，在这个过程中要与现代生活紧密地结合在一起，让社区活力得以再现。越来越多的人开始认识到，可持续发展是从资源、环境、经济、社会等角度来进行认知的，所谓城市更新，它远远不只是在物质层面上对城市环境予以改善，而应该从经济、社会、文化等多方面进行统筹考虑，同时重点关注城市中人的感受。

在城市复兴运动轰轰烈烈的开展下，城市更新自 21 世纪起全面进入到"社区综合复兴"的新阶段，社区综合复兴强调的是以人为本，关注社会人文方面，倡导的是小规模、渐进性的社区邻里更新模式，追求的是政府、企业、社区、个人和规划师多边合作、共同参与的方式。

2. 重要思想

到 90 年代，世界环境的变化、人们生产生活方式的改变导致城市问题变得越来越复杂，已经没有一种理论可以系统全面地认识城市，新区域主义、生态城市、城市复兴和可持续发展等思想都在蓬勃发展。1996 年，联合国第二次人类住区大会在土耳其伊斯坦布尔召开，大会通过了《伊斯坦布尔宣言》和《人居议程》。

1999 年，欧盟委员会和各成员国通过了"欧洲空间展望"（European Spatial Development Perspective，简称 ESDP），ESDP 旨在加强区域空间的整合发展，作为促进区域一体化发展的行动纲领，它关注部门政策协调和跨界合作，在这个过程中尊重个人及地方利益，使得区域利益达到最大化（李艳，2004）。1990 年，为了联合各方生态城市理论的研究者和实践者，城市生态组织在伯克利组织了第一届生态城市国际会议，与会者在充分研究城市问题的基础上，提出了基于生态原则重构城市的目标（黄肇义，2001）。1999 年，由理查德·罗杰斯勋爵（Richard Rogers）领衔的"城市工作专题组"（Urban Task Force）完成了《迈向城市复兴》（Towards an Urban Renaissance）这一研究报告（也被称为"城市黄皮书"），该报告第一次提出了"城市复兴"（Urban Renaissance）的概念，被称为"新世纪之交有关城市问题最重要的纲领性文件之一"。该报告分析了城市发展中日益严重的问题，并在可持续发展、城市复兴、城市交通、城市管理、城市规划和经济运作等方面提出了若干建议（吴晨，2002）。

Hartman 指出，20 世纪 90 年代至今，城市更新中加入了以人为本的思想，城市更新更多的是进行综合管理，考虑的是经济、环境和社会的多个方面，参与方也由原来的政府和开发商，转变为政府、私有部门和社区，这三个参与方之间是存在着制衡作用的合作团体的关系。Hemphill 等人在 2004 年进行了可持续的城市更新方面的研究，从五个方面进行了可持续的城市更新的评价指标体系的构建。Ng 在其研究中从生活质量指标的角度判断可持续的城市更新，其依据是居民的生活品质。

2.2 国内城市更新发展历程及实践

城市的发展总是和经济密切相关，抗日战争以前，我国长期受到封建主义和帝国主义的压迫，社会生产水平低下。中华人民共和国成立以后，我国的社会生产水平有了很大的提高，特别是改革开放以来，社会主义市场经济在全国快速推进，城市建设水平也随着经济的发展有了很大的提升。中国的城市更新已经走过计划经济 30 年和市场经济将近 40 年的时间，现如今，国内主要大城市都已经进入"控制增量、盘活存量"，即"城市更新"的发展阶段。根据计划经济时代以及社会主义市场经济体制时期城市发展与建设的特点，可将我国城市更新发展历程分为以下四个阶段：1949—1978 年，1978—1990 年，1990—2000 年，2000 年以后，如表 2 – 2 所示。

表 2 – 2 国内城市更新活动发展历程

时期	发展背景	更新特征	更新内容	更新机制
新中国成立—改革开放	基础设施陈旧，城市化水平低	充分利用、逐步改造	整治城市环境，提升居民生活水平	政府主导
改革开放—1990 年	经济转型过渡时期，市场经济体制开始发育	缓慢、小规模更新	采用"拆一建多"的方式在老城和新区新建了一批住宅区	政府主导、企业参与
1990—2000 年	土地、住房制度改革，城市快速发展	快速、大规模更新	工业搬出、商业增加和老住宅区再开发	政府、开发商合作
2000 年以后	城市规模和城市空间基本形成，城市粗犷发展的弊端开始逐渐显现	逐渐减缓，多目标的完善阶段	多元化、多视角的复合性、综合性更新改造	政府、开发商、组织、私人多元参与

2.2.1　起步阶段

1. 面临现状

中华人民共和国成立以后，我国对外摆脱了帝国主义的侵略，对内打倒了封建地主和官僚买办的剥削，开始走上了人民当家做主的社会主义道路。但是，历经百年的半殖民统治，以及长达数十年的对内对外战争，整个中国已是满目疮痍，城市基础设施薄弱，城市化水平较低，各地城市面临着房屋建筑损坏严重、基础设施陈旧、配套严重不足等一系列问题，多数居民所生活的环境和条件都非常恶劣。

2. 措施与成效

这一阶段，由于国内特定的社会经济环境，城市建设是在政府的干预下，按照社会主义计划经济的模式开展的。城市更新的主要任务是治理城市环境，改善居民居住条件。此时国家城市更新的方式是"充分利用、逐步改造"，也就是充分利用原有城市房屋和基础设施，进行局部、小规模的维修与养护，主要对象是危房和棚户，同时增添一些基础设施，满足居民最基本的生活需求。这些举措有效地改善了当时的居住条件，优化了城市环境。

但是，由于中华人民共和国成立后我国长期以来所采取的计划经济体制模式，使得城市呈现出计划分配以及自给自足的封闭特点。此外，建国初期我国经济刚刚起步，虽然国内城市存在诸多问题，但是改造能力极为有限。这些都导致这一时期城市更新的效果并不明显，城市没能进行根本性的改造，基本维持了原状。

2.2.2　探索阶段

1. 面临现状

20 世纪 70 年代末期，我国实行了改革开放政策，旨在将工作重心转移到我国社会主义现代化建设上来，这就为我国经济的快速发展打下了牢固的基础。中国在这一阶段的主要国情可以概括为改革农村的经济体制、发展乡镇企业，初期还有众多的知识青年从农村返回了城市。自此，国家将主要建设视角从农村转移到城市，加快了国家城镇化进程。城市也发生了很大变化，城市人口明显增加，城市活力得以释放，但城市职工住房不足等问题也日益突出。

2. 措施与成效

到了这个阶段，城市发展的基本思路演变为先进城，而后建城，居民住房在这一阶段则成为城市改造的核心关注点，各城市纷纷修建住宅。这虽然在一定程度上缓解了住房压力，不过旧城改造仍然问题重重。当时采取的策略可以概括为"填空补实"，从老城边缘向中心城区进行了一系列不规范、配套不全、侵占绿地、破坏历史古迹的城市建设，形成了内旧外新的城市空间结构，老城的生活环境逐渐恶化。此时，城市建设"重生产、轻生活"的思想有所转变，采用"拆一建多"的方式在老城和新区新建了一批住宅区，试图解决住房问题。但是这种建设方式破坏了城市的物质结构，使城市失去了其文化特色。

这一时期为我国的经济转型过渡时期，虽然市场经济体制开始发育，但是计划经济体制的思想仍然影响了城市建设过程，缺乏城市更新的社会政策环境，再加上改革开放以前城市更新的缺陷，使得此时的城市更新处于"挣扎停滞"的时期（李建波，2003）。

2.2.3 快速发展阶段

1. 面临现状

20 世纪的最后十年是中国经济的高速发展阶段，至 20 世纪末，我国的 GDP 总量逼近十万亿，GDP 指标是改革开放初期的 27 倍。

在这种情况下，城市更新成为城市顺应世界发展趋势，进行产业结构调整的重要手段。各地城市陆续开展了大规模、快速的城市更新，旧城改造的规模达到了前所未有的水平。从 1992 至 1994 年，全上海一共拆迁了 21 万户居民，拆迁的住宅面积达到 859.6 万 m²，每年计划拆迁的面积为 130 万 m² 左右。1996—2000 年，北京市计划投入资金 240~300 亿元拆除危旧房屋 500 万 m²，动迁居民有 12 万~15 万户。1994 年天津一共拆除了 123.2 万 m² 的住宅，而 1987 年到 1992 年期年均拆除的住宅量为其四分之一还不到。

2. 措施与成效

20 世纪 90 年代之后，我国城市更新的方式发生了转变，逐步取消了福利分房制度，取而代之的是住宅建设市场化和住房消费货币化，同时，土地利用制度也发生了变化。自此，房地产开发和建设是为城市改造的主导力量。更新内容主要为工业搬出、商业增加和老住宅区再开发，模式主要是大规模、集中性的更新改造，以拆除重建为主。

重建项目具有丰厚的经济回报，是增加地方财政的一个重要方式，这也使得地方政府乐于开展城市更新项目。政府从原来的控制方式转变为调控、引导和协调的作用方式。地方政府与地产发展商合作，积极参与到城市改造活动中来，两者均追求最大的经济回报，地方政府角色由先前的行政主导，演变为经济合作者。此时，城市更新最敏感的问题就是拆迁。在城市更新过程中，政府需要协调开发商、地方政府部门、投资者、社会公众等多方的利益。

这一时期，我国城市更新的手法类似于西方国家"二战"后大规模推倒重建的模式，虽然城市的空间结构、物质环境等有了一些改善，但也产生了很多问题，如中心区开发过度、社区多样性破坏、各类历史建筑损坏、城市文化特色消失等。

2.2.4　提升完善阶段

1. 面临现状

进入 21 世纪以后，全国各地的城市规模和城市空间基本形成，但是城市粗犷发展的弊端也开始逐渐显现，面对资源环境的约束与产业升级转型的双重压力，大规模的造城运动开始降温，北京、上海、深圳等一线城市的建设用地总量已接近极限，粗放式的城市增长模式带来的城市快速扩张、土地低效利用以及资源过度消耗等问题，使得经济发展与生态保护的平衡不断被破坏，传统的"增量规划"难以为继。

2. 措施与成效

2007 年，《城乡规划法》将旧城改造与保护结合起来，强调城市对历史的传承；2008 年，国务院发布《关于促进节约集约用地的通知》；2012 年，《中国国土资源公报》提出，在"十二五"期间，单位国内生产总值建设用地下降 30%，这就意味着城市建设用地已进入了"存量规划"的时代；2013 年，中央城镇化工作会议提出要"盘活存量、严控增量"，旧城区的物质、功能等方面的更新急迫性也就愈发凸显。

在诸多不同动力机制和社区多元化的共同作用下，城市更新从原来的大刀阔斧推倒重建模式走向因地制宜小规模渐进改造，从原来的物质环境改善走向城市综合性的更新发展，城市更新逐渐朝着包括物质性更新、空间功能结构调整、人文环境优化等社会、经济、文化内容在内的多目标、快速更新阶段发展。城市发展重点着眼于调整城市功能布局，提高城市生活品质，实现城市经济的可持续发展。

此外，城市更新的参与方也逐渐扩大，参与改造的群体从原来的政府单一模式转变为政府、企业、民众等多方主体共同参与的综合性城市改造方式，本地居民也开始自下而上地主动参与更新。城市更新的改造模式更加立体化、层次多级化。城市建设，包括新区建设和城市更新与"人"联系起来，城市更新不再是单纯的物的改造，而是人与人、人与经济的协调发展。

21 世纪以来，城市更新工作开始反思调整前期城市更新遗留下的不良后果。

社会各界开始逐渐认识到，城市更新是一个系统工程，只有统筹计划安排，强调城市历史文化的传承，综合考虑社会、经济、文化等方方面面，才能使得城市的发展更加合理，更加充满活力，符合人的需求。

2.3 相关政策体系

截至 2019 年，国家从国土部、省政府、省国土厅、省其他部门、市级四个层面不断出台了一系列城市更新政策，对推动城市更新具有重要作用。本节按照时间先后顺序，系统梳理了相关文件。

本书以珠海市城市更新为例，因此该书中所指的省政府是指广东省政府，省国土厅是指广东省国土厅，市规范是指珠海市规范（以下同指）。

2.3.1 国土资源部下发文件

1. 政策梳理

基于国土资源部层面，系统地梳理了与城市更新相关的政策文件，具体的文件按照时间序列排序，具体文件内容如表 2 - 3 所示。

表 2 - 3 国土资源部下发文件

编号	时间	文件名称	附件名称
1	2013/4/8	国土资源部办公厅关于发布《国有建设用地使用权出让地价评估技术规范（试行）》的通知	国有建设用地使用权出让地价评估技术规范（试行）
2	2013/6/13	国土资源部关于广东省深入推进节约集约用地示范省建设工作方案的批复	广东省深入推进节约集约用地示范省建设工作方案

2. 政策解读

为了适应新时代城市可持续发展的要求，实现国家城市发展模式的成功转型，达到资源约束和城市发展相协调的目的，城市更新成为了实现目标的主要途径。基于上述问题，国家层面出台了一系列政策，按照国务院领导对建设广东节约集约用地示范省的重要指示，中华人民共和国国土资源部于 2013 年发布了《广东省深入推进节约集约用地示范省建设工作方案》和《国有建设用地使用权出让地价评估技术规范(试行)》,意在解决城市更新遇到实际问题的同时,发挥好城市发展规则制定者的角色,以更好地引导城市更新的发展。

国家层面作为我国城市发展的最高管理者,出台的城市更新政策作用也是首要的,将成为指导城市更新发展的指导性纲领文件。

2008 年起国土资源部和广东省人民政府合作共建节约集约示范用地,取得了明显成效。为进一步推进示范省建设,创新体制机制,结合广东实际制定了《广东省深入推进节约集约用地示范省建设工作方案》(下文简称《工作方案》)。《工作方案》具有非常重要的现实意义和指导意义,政策内容突出强调推进节约集约用地的基本原则:坚持解放思想,改革创新;坚持市场调节,政策引导;坚持以人为本,保障权益;坚持规范运作,有序推进。该《工作方案》不仅纲领性强,且实际的可操作性也较强,深入研究概括该方案的主要要点如下:①加强国土空间开发的规划计划管控。统筹生产空间、生活空间和生态空间,合理控制国土开发强度。严格执行土地利用总体规划,强化区域和城乡土地资源的统一规划和整合利用,用好增量、盘活存量,促进区域、城乡、产业的协调发展;②健全耕地保护长效机制。全面建立并不断完善耕地保护经济补偿机制,调动农村集体经济组织和农民保护耕地的积极性。加强耕地质量建设与管理,在确保全省耕地保有量和基本农田面积不变的前提下,优化耕地和基本农田布局,提高耕地总体质量;③深化旧城镇、旧厂房、旧村庄改造探索与创新。在现有基础上继续创新"三旧"改造实施模式,着力完善规划管控、市场配置、权利保护、收益分配等配套管理政策,重点扶持基础设施和公益性改造项目,实现经济效益、社会效益和生态效益的有机统一,促进"三旧"改造和谐有序的进行;④全方位推进节约集约用地。通过严格建设项目用地控制指标标准和项目准入管理、加快产业转型升级等措施,推进各类开发区土地节约集约利用。完善建设用地空间使用权取得、流转和登记等政策,规范管理,畅通渠道,科学有序地推进土地空间立体利用。加大闲置土地处理力度,及时有效地盘活利用存量建设用地;⑤健全节约集约用地标准控制制度。严格实行建设项目准入标准,严格执行限制禁止用地目录,对达不到投资强度、容积率、建筑系数等要求的项目不予供地。探索建立工业及经营性建设项目投资和产出标准体系,综合评定土地利用效率和效益,对土地利用强度低、投入产出效益差的项目探索实施退出机制,促进土地资源的循环利用;⑥加强土地市场建设。继续深化国有土地有偿使用制度改革,扩大土地有偿使用范围。研究建立集体土地价值评估体系,探索集体建设用地作价入股的方式和收益分配办法。加强城乡统一土地市场诚信体系建设,营造土地使用者依法用地、中介机构依法经营的有利环境;⑦深化土地管理重点领域改革。以加快转变政府职能为契机,推进土地审批制度改革。开展城乡土地生态利用制度综合改革试点,统筹整合城乡土地利用，优化土地利用结构和布局，促进生态环境修复；⑧强化节约集约用地的评估监管。定期开展城乡建设用地节约集约利用评价，公布单位地区生产总值建设用地面积和单位建设用地二、三产业增加值变化情况，深入开展国土资源节约集约模范市创建活动，以点带面、示范带动，打造节约集约用地新平台。

为规范国有建设用地使用权出让地价评估行为，进一步完善国有土地出让底价确定程序，加强出让地价评估管理，促进土地市场平稳健康运行，自然资源部制定了《国有建设用地使用权出让地价评估技术规范（试行）》（下文简称《规范》）。《规范》参考多项标准与法规，理论性强，适用范围广，深入研究概括该规范的主要要点如下：①要进一步健全国有建设用地使用权出让的定价程序，地价需要经过专业评估，底价应该由集体决策。当国有建设用地使用权出让前，市、县国土资源主管部门应当组织专业人士对拟出让用地的地价进行评估，为确定出让底价提供参考依据。因改变土地使用条件、发生土地增值等情况，需要补缴地价款的，市、县国土资源主管部门在确定补缴金额之前也应该按照上述要求组织评估；②出让土地估价报告应由土地估价师完成且需符合《规范》，市、县国土资源主管部门不应干预评估活动，而应由被委托方客观、独立、公正地出具土地估价报告；③出让土地估价报告应由报告出具方履行电子备案程序，取得电子备案号。报告出具方无法登录"土地估价报告备案系统"的，市、县国土资源主管部门应将单位名称、单位性质、土地估价师姓名、资格证书号等情况，经省级国土资源主管部门核实汇总后，报部土地利用管理司，按规定登录；④市、县国土资源主管部门或国有建设用地使用权出让协调决策结构，应以土地评估报告的估价结果为重要参考依据，并统筹考虑产业政策、土地供应政策和土地市场运行情况，集体决策确定土地出让底价。从土地出让收入或土地出让收益中计提的各类专项资金，不得计入出让底价。对估价结果的采用情况及其理由，应纳入计提决策的记录文件，存档备查；⑤省级国土资源主管部门应加大监督指导力度，定期组织土地评估行业协会或专家，对已备案的土地估价报告进行随机抽查和评议，并公布抽查评议结果。出让方对估价结果有异议的，可申请技术审裁，也可以另行组织评估；⑥除土地估价基本原则外，土地使用权出让底价评估还需考虑以下原则：价位主导原则、审慎原则、公开市场原则等；⑦评估方法包括：收益还原法、市场比较法、剩余法、成本逼近法、公示地价系数修正法。

2.3.2 省政府下发文件

1. 政策梳理

基于省政府层面，系统地梳理了与城市更新相关的政策文件，具体的文件按照时间序列排序，具体文件内容如表2-4所示。

表 2 - 4　省政府下发文件

编号	时间	文件名称	附件名称
1	2009/2/4	印发广东省建设节约集约用地试点示范省工作方案的通知	国土资源部、广东省人民政府建设节约集约用地试点示范省领导小组人员名单
2	2009/8/25	关于推进"三旧"改造促进节约集约用地的若干意见	
3	2009/11/23	转发省国土资源厅关于"三旧"改造工作实施意见(试行)的通知	广东省"三旧"改造规划及年度实施计划编制要点 关于将旧村庄建设用地改变为国有建设用地的申请 旧村庄建设用地改变为国有建设用地的材料目录 关于 XX 县(市)XX 镇 XX 村委会要求将旧村庄建设用地改变为国有建设用地的请示 关于审批"三旧"改造方案的请示 "三旧"改造用地完善征收手续的材料目录
4	2016/9/14	广东省人民政府关于提升"三旧"改造水平促进节约集约用地的通知	
5	2016/11/25	广东省人民政府关于印发广东省促进粤东西北地区产业园区提质增效若干政策措施的通知	

2. 政策解读

《印发广东省建设节约集约用地试点示范省工作方案的通知》(粤府明电〔2009〕16 号,以下简称"16 号文")的系列文件是"三旧"改造政策主要的政治依据,《关于推进"三旧"改造促进节约集约用地的若干意见》(粤府〔2009〕78 号,以下简称"78号文")是"三旧"改造政策执行的文件始祖,《转发省国土资源厅关于"三旧"改造工作实施意见(试行)的通知》(粤府办〔2009〕122号,以下简称"122号文")的系列文件是执行"三旧"改造的执行依据,《广东省人民政府关于提升"三旧"改造水平促进节约集约用地的通知》(粤府〔2016〕96号,以下简称"96号文")是为了加快推进"三旧"改造工作、提升"三旧"改造水平的执行依据,《广东省人民政府关于印发广东省促进粤东西北地区产业园区揉质增效若干政策措施的通知》(粤府〔2016〕126号,以下简称"126号文")明确了针对粤东西北地区产业园区提质增效的城市更新政策支撑。这一系列文件为改造项目在实际工作中遇到的具体问题给出了工作指引。

其中,16号文,由工作方案和1个附件组成。工作方案从指导思想、工作目标和基本原则、主要任务、实施步骤、保障措施5大方面提出了广东省推进节约集约用地试点示范省建设工作的指导意见。1个附件具体是《国土资源部、广东省人民政府建设节约集约用地试点示范省领导小组人员名单》。

78号文,是广东省政府提出的以"三旧"改造工作为推进节约集约用地的重要抓手的执行意见。该书件要求下级政府充分认识"三旧"改造工作的重要性和紧迫性,明确"三旧"改造工作开展的总体要求和基本原则,并对"三旧"改造工作的改造范围、规划要求、筹资渠道、组织要求等关键性问题做了指导说明。

122号文,由实施意见和6个附件组成。实施意见的目的是贯彻落实78号文件精神,从编制"三旧"改造规划及年度实施计划、将符合条件的旧村庄集体建设用地申请转为国有建设用地、完善历史用地手续、安排"三旧"改造用地周转指标、"三地"(边角地、夹心地、插花地)的分类处理、分散土地归宗、明确部门职责、加强监督检查8个方面提出了实施指导意见,以确保广东省"三旧"改造工作的有序推进。6个附件具体包括《广东省"三旧"改造规划及年度实施计划编制要点》《关于将旧村庄建设用地改变为国有建设用地的申请》《旧村庄建设用地改变为国有建设用地的材料目录》《关于XX县(市)XX镇XX村委会要求将旧村庄建设用地改变为国有建设用地的请示》《关于审批"三旧"改造方案的请示》《"三旧"改造用地完善征收手续的材料目录》。这6个附件是实施意见的补充资料,与实施意见的具体内容相对应。

96号文,是对78号文的加强说明。78号文出台以后,广东省"三旧"改造工作取得了积极成效。因此,为了加快推进"三旧"改造工作,提升"三旧"改造水平,更好地发挥国土资源的基础性保障作用,广东省出台了96号文。通知包括5大方面,共22条款项说明。其中,5大方面的内容具体包括:加强规划管控指导,积极推进连片成片改造;完善利益共享机制,充分调动土地权利人和市场主体参与改造的积极性;改进报批方式,加快完善历史用地手续;完善配套政策,形成"三旧"改造政策合力;加强组织领导,建立健全"三旧"改造工作监管机制。

126 号文明确,为进一步推动粤东西北地区(含江门、肇庆、惠州市)产业园提质增效,更好地发挥省产业园的辐射带动作用,应在强化产业转移政策支撑环节,用好"三旧"改造政策。支持转移企业通过"三旧"改造政策,将原有权属厂房用地改造用于建设总部经济、科技研发、电子商务等现代服务业;所涉及的划拨土地使用权,可采取协议方式补办出让手续;涉及补缴地价的,按照有关规定执行。

2.3.3　省国土资源厅下发文件

1. 政策梳理

基于省国土资源厅层面,系统地梳理了与城市更新相关的政策文件,具体的文件按照时间序列排序,具体文件内容如表 2-5 所示。

表 2-5　省国土资源厅下发文件

编号	时间	文件名称	附件名称
1	2010/3/1	关于在"三旧"改造工作中加强廉政建设预防腐败行为的通知	
2	2010/3/19	关于做好"三旧"改造地块标图建库工作的通知	广东省"三旧"改造地块标图规定
3	2010/4/23	关于办理"三旧"改造涉及完善征收手续有关问题的通知	
4	2011/7/5	关于以"三旧"改造促进珠三角地区加工贸易企业转型升级的通知	
5	2011/9/2	关于建立"三旧"改造地块标图建库动态调整机制的通知	广东省"三旧"改造地块标图建库动态调整技术规定
6	2011/10/12	关于"三旧"改造实施工作有关事项的通知	
7	2012/9/19	关于调整"三旧"改造涉及完善征收手续报批方式的通知	
8	2014/7/21	广东国土资源厅关于进一步完善"三旧"改造地块标图建库工作的通知	

续表 2 - 5

编号	时间	文件名称	附件名称
9	2014/12/23	广东省国土资源厅关于"三旧"改造成效统计工作有关事项的通知	
10	2015/3/7	广东国土资源厅关于进一步核查梳理"三旧"改造地块数据库的通知	"三旧"改造标图建库图斑类型划分指南 "三旧"改造地块图斑属性结构表(新)
11	2015/4/29	关于印发《促进我省经济稳定增长和转型升级的国土资源保障措施》的通知	
12	2017/1/17	广东省国土资源厅关于印发提升"三旧"改造水平促进节约集约用地工作实施方案的通知	粤国土资三旧发〔2017〕3 号
13	2017/4/25	广东省国土资源厅关于印发《"三旧"改造项目实施监管协议》指导性范本的通知	粤国土资三旧函〔2017〕1029 号 "三旧"改造项目实施监管协议及使用说明
14	2017/6/30	广东省地方税务局广东省国家税务局广东省国土资源厅关于印发《广东省"三旧"改造税收指引》的通知	粤地税发〔2017〕68 号
15	2017/11/3	广东省国土资源厅关于"三旧"改造地块标图建库动态调整和梳理标注的通知	粤国土资三旧函〔2017〕3028 号调整和梳理技术要求 "三旧"改造地块图斑属性结构表
16	2018/1/19	广东省国土资源厅关于进一步做好"三旧"改造成效统计工作的通知	粤国土资三旧发〔2018〕6 号 ××市"三旧"改造项目监管系统填报及审核人员表
17	2018/4/4	广东省国土资源厅关于印发深入推进"三旧"改造工作实施意见的通知	粤国土资规字〔2018〕3 号

续表 2-5

编号	时间	文件名称	附件名称
18	2018/2/8	广东省国土资源厅关于印发《广东省"三旧"用地报批标准化审查手册》的通知	粤国土资三旧发〔2018〕19 号
19	2018/2/9	广东省国土资源厅关于印发《广东省人民政府委托"三旧"改造涉及土地征收审批职权实施方案》的通知	粤国土资三旧发〔2018〕13 号
20	2018/2/12	广东省国土资源厅关于印发"三旧"用地报批材料清单及范本的通知	粤国土资三旧发〔2018〕26 号 旧村庄集体建设用地转为国有建设用地的材料清单 关于 XX 县(市)XX 镇 XX 农村集体经济组织要求将旧村庄建设用地转为国有建设用地的请示 关于将旧村庄集体建设用地转为国有建设用地的申请 "三旧"改造涉及完善土地征收手续的材料清单 关于 XX(项目名称)"三旧"用地完善土地征收手续的请示 XX(项目名称)"三旧"改造方案 "三地"农用地转用和土地征收报批的材料清单 关于 XX 市(或县)XX(项目名称)涉及"三地"办理农用地转用和土地征收手续的请示 广东省人民政府关于 XX 县(市)XX 镇 XX 农村集体经济组织的旧村庄集体建设用地转为国有建设用地的批复 广东省人民政府关于 XX(项目名称)"三旧"用地完善土地征收手续的批复 关于 XX 市(或县)XX(项目名称)涉及"三地"办理农用地转用和土地征收手续用地的批复
21		"三旧"改造地块数据库入库标准及成果要求(粤国土资三旧电〔2018〕65 号)	

2. 政策解读

广东是改革开放的先行地、科学发展的试验区。早在 2008 年，就已面临工业化城镇化建设迅猛发展、土地粗放低效利用难以为继、保护耕地与保障发展的矛盾越来越突出的现实，数年来，"三旧"改造在优化土地资源配置、拓宽建设用地空间、促进节约集约用地和保障经济社会可持续发展等方面均取得了显著成绩。围绕公平公正的原则，初步建立了一些行之有效的综合性的公共政策体系。

2009 年以来，广东出台的关于"三旧"改造的支持性政策主要集中在土地管理方面。深入研读这 11 份政策文本，探讨政策文本内容含义，并结合政策出台时间，可将这部分广东省的城市更新发展分为以下三个阶段。

（1）第一阶段：发现问题，解决问题（2010—2011 年）。

经历政府主导时期，"三旧"改造过程暴露了一些问题，在总结前期经验和教训的基础上，这一阶段颁布了一些针对性的政策，并结合行业规范和信息化技术建立了"三旧"改造地块标图建库动态调整机制。

为了预防"三旧"改造工作中行贿、受贿、贪污、渎职等违纪行为的发生，《关于在"三旧"改造工作中加强廉政建设预防腐败行为的通知》建立了相关预防机制，以确保"三旧"改造工作规范有序地开展。为了规范完善征收手续的审查报批行为，加快审批进度，省国土厅颁布了《关于办理"三旧"改造涉及完善征收手续有关问题的通知》。为了解决各地在推进"三旧"改造过程中遇到的新情况和问题，规范和加快推进"三旧"改造工作，《关于"三旧"改造实施工作有关事项的通知》制定了相应机制。

（2）第二阶段：完善调整（2012—2014 年）。

这一阶段针对前期制定的政策落实情况提出了调整改善性意见。

为确保"三旧"改造地块标图建库工作"规范有序、结果控规"，《广东国土资源厅关于进一步完善"三旧"改造地块标图建库工作的通知》和《广东国土资源厅关于进一步核查梳理"三旧"改造地块数据库的通知》进一步明确了有关事项和要求。为了切实解决"三旧"改造项目报批耗时较长的问题，《关于调整"三旧"改造涉及完善征收手续报批方式的通知》对"三旧"改造涉及的完善征收手续方案的报批方式做了进一步调整。

（3）第三阶段：转型升级（2015 年至今）。

省国土资源厅于 2015 年 4 月印发《促进我省经济稳定增长和转型升级的国土资源保障措施》，明确提出大力推进"三旧"改造工作是促进广东省经济稳定增长和转型升级的国土资源保障措施之一，并在 2017 年、2018 年相继出台一系列政策，着力提升"三旧"改造水平，促进节约集约用地，推动"三旧"改造项目监管实施，并对"三旧"改造税收、"三旧"改造地块标图建库动态调整和梳理标注、"三旧"改造成效统计、"三旧"用地报批、"三旧"改造土地征收审批职权、"三旧"用地报批材料、"三旧"改造地块数据库入库及成果管理等进行了具体规范。

2.3.4　省其他部门下发文件

1. 政策梳理

基于省其他部门层面，系统地梳理了与城市更新相关的政策文件，具体的文件按照时间顺序排序，具体文件内容如表2-6所示。

表2-6　省其他部门下发文件

编号	时间	文件名称	附件名称
1	2010/2/23	关于在"三旧"改造过程中加强预防职务犯罪工作的通知	
2	2010/6/8	关于在"三旧"改造中加强文化遗产保护的通知	
3	2011/4/29	关于减免"三旧"改造回迁安置房房屋所有权登记费用的通知	
4	2011/5/18	印发《关于加强"三旧"改造规划实施工作的指导意见》的通知	关于加强"三旧"改造规划实施工作的指导意见
5	2012/2/2	关于进一步加快"三旧"改造完善历史用地手续规划审查工作的通知	
6	2014/5/22	关于印发探索"三旧"改造民主协商与司法裁决有效途径实施细则的通知	
7	2016/4/14	关于印发《广东省住房和城乡建设厅 广东省财政厅关于广东省政府购买棚户区改造服务的管理办法》的通知	
8	2017/3/31	关于承租集体土地城镇土地使用税有关政策的通知(财税〔2017〕29号)	
9	2017/6/30	广东省地方税务局 广东省国家税务局 广东省国土资源厅关于印发《广东省"三旧"改造税收指引》的通知(粤地税发〔2017〕68号)	
10	2019/2/2	关于"大棚房"问题专项清理整治行动整改工作意见的通知(粤农〔2019〕80号)	

2. 政策解读

为了解决"三旧"改造过程上遇到的问题,省里下发了一系列文件:《关于在"三旧"改造过程中加强预防职务犯罪工作的通知》(粤检会字〔2010〕2号,以下简称"2号文"),《关于在"三旧"改造中加强文化遗产保护的通知》(粤文物〔2010〕268号,以下简称"268号文"),印发《关于加强"三旧"改造规划实施工作的指导意见》的通知(粤检会字建规函〔2011〕304号,以下简称"304号文"),《关于减免"三旧"改造回迁安置房房屋所有权登记费的通知》(粤财综〔2011〕74号,以下简称"74号文"),《关于进一步加快"三旧"改造完善历史用地手续规划审查工作的通知》(粤建规函〔2012〕49号,以下简称"49号文"),《关于印发探索"三旧"改造民主协商与司法裁决有效途径实施细则的通知》(粤司〔2014〕109号,以下简称"109号文"),关于印发《广东省住房和城乡建设厅 广东省财政厅关于广东省政府购买棚户区改造服务的管理办法》的通知(粤建保函〔2016〕629号,以下简称"629号文"),《关于承租集体土地城镇土地使用税有关政策的通知》(财税〔2017〕29号,以下简称"29号文"),广东省地方税务局、广东省国家税务局、广东省国土资源厅关于印发《广东省"三旧"改造税收指引》的通知(粤地税发〔2017〕68号,以下简称"68号文"),《关于"大棚房"问题专项清理整治行动整改工作意见的通知》(粤农〔2019〕80号,以下简称"80号文"),就"三旧"改造工作中遇到的难点给出了工作指引。

2号文,强调了预防"三旧"改造职务犯罪的重要性,要求抓住重点环节中的编制"三旧"改造规划、完善"三旧"改造涉及的历史用地手续、国有建设用地使用权协议出让、"三旧"改造涉及的征地和补偿及"三旧"改造涉及的资金使用等方面,切实加强预防工作。

268号文,广东是岭南文化中心地、海上丝绸之路发祥地、中国近代民族革命策源地和改革开放前沿地,古代遗存品类丰富,水下生物和华侨文物众多,多元文物的保护对于提升广东省的整体形象具有重要的意义。主要工作内容:①加强对新发现的重点文物点,特别是纳入"三旧"改造范围的不可移动文物的保护;②要加强文化文物、国土、规划和建设等部门在旧城改造过程中的沟通与协调;③要把文物保护规划作为文物保护的法律依据和基本手段;④充分发挥历史建筑的展示、利用功能,推动文化遗产融入到城市发展、社区生活、经济建设和新农村建设中;⑤做好文化遗产的宣传和普及工作。

304号文,由指导意见和1个附件组成。实施意义是能促进"三旧"改造规划有效实施,推动全省"三旧"改造工作按照"封闭运行、结果可控,严格规范、加快推进"的要求,实现"一年初见成效,两年突破性进展,三年再改观"的工作目标。附件包括充分认识加强"三旧"改造规划实施工作的重要意义,进一步凸显规划在

"三旧"改造中的重要作用,进一步加强对"三旧"改造规划实施工作的管理和进一步完善"三旧"改造规划实施的保障机制。

74 号文,为贯彻落实省人民政府《关于推进"三旧"改造促进节约集约用地的若干意见》(粤府〔2009〕78 号)、省办公厅《关于进一步加快推进和规范"三旧"改造工作的通知》(粤府办明电〔2010〕293 号)和省人大常委会对"三旧"改造工作的审议意见,支持加快推进"三旧"改造工作,经省人民政府同意,决定对广东省"三旧"改造项目的回迁安置房免收房屋所有权登记费。

49 号文,就加快"三旧"改造完善历史用地手续的规划审查工作提出了如下意见:完善历史用地手续是推进广东省"三旧"改造工作的重要内容,而城乡规划是科学有序推进"三旧"改造工作的基础和前提;以城乡规划为依据,加快完善历史用地手续的规划审查工作;规范用地完善手续后的城乡规划管理。

109 号文,实施细则从工作目标、基本要求、工作措施和工作要求四个方面指导了探索广东省"三旧"改造民主协商与司法裁决有效途径的实际工作。

629 号文,管理办法从总则、规划及财政承受能力评估、政策准备、实施采购、预算及财务管理、绩效和监督管理和附则等方面对广东省政府购买棚户区改造服务的整个监管采购细则做了详细的工作指引。

29 号文规定,在城镇土地使用税征税范围内,承租集体所有建设用地的,由直接从集体经济组织承租土地的单位和个人,缴纳城镇土地使用税。

68 号文将广东省"三旧"改造分为了三类共九种改造模式,并基于每种模式的典型案例,梳理了"三旧"改造过程中涉及的增值税、土地增值税、契税、房产税、城镇土地使用税、企业所得税和个人所得税等主要税种相关税务处理事项,用于指导"三旧"改造项目的涉税管理。其中,第一大类政府主导模式分为:政府收储、政府统租、综合整治(政府出资)三种模式;第二大类政府和市场方合作模式分为:以毛地出让方式引入社会力量实施改造、土地整理两种模式;第三大类市场方主导模式分为:农村集体自改、村企合作、原土地使用权人自改、企业收购改造四种模式。

80 号文,对接国家"大棚房"问题专项清理整治行动协调推进小组印发的《关于"大棚房"问题专项清理整治行动整改工作的指导意见》,就广东省"大棚房"问题专项清理整治行动整改工作在清理整治范围、整治整改标准、整改工作要求等方面提出了具体意见。

2.3.5 市规范性文件

1. 政策梳理

基于珠海市层面,系统地梳理了与城市更新相关的政策文件,具体的文件按照时间序列排序，具体文件内容如表 2-7 所示。

表 2-7 市规范性文件

编号	时间	文件名称
1	2013/6/14	珠海市人民政府办公室关于印发珠海市临时改变旧工业建筑使用功能项目管理实施意见的通知
2	2015/2/4	珠海市人民政府关于印发珠海市城市更新项目地价计收和收购补偿管理办法(试行)的通知
3	2015/8/13	香洲区人民政府关于印发《珠海市香洲区城中旧村更新招标工作细则(试行)》的通知
4	2015/11/3	珠海市人民政府关于印发珠海市城中旧村更新实施细则的通知
5	2016/7/29	珠海市住房和城乡规划建设局关于印发珠海市香洲区城中旧村更新房屋面积认定和补偿暂行办法的通知
6	2016/7/29	珠海市住房和城乡规划建设局关于印发珠海市城中旧村更新开发规模测算指引的通知
7	2016/9/21	关于启用珠海市城中旧村更新开发规模测算指引配套软件(2016 年修订版)的通知
8	2016/11/17	珠海经济特区城市更新管理办法
9	2016/12/1	珠海市住房和城乡规划建设局 珠海市财政局关于印发珠海市政府购买棚户区改造服务管理办法的通知(珠国土字〔2017〕158 号)
10	2017/2/21	关于印发《珠海市国土资源局地价计收规则》的通知
11	2017/5/3	珠海市香洲区人民政府关于印发《关于加快推进香洲区旧工业区升级改造的若干意见》的通知(珠香府〔2017〕28 号)
12	2017/5/10	珠海市住房和城乡规划建设局 珠海市国土资源局关于印发《关于加快珠海市"烂尾楼"整治处理的实施意见》的通知(珠规建更规〔2017〕2 号)
13	2017/9/26	关于印发珠海市城市更新单元规划开发规模测算技术指引的通知(珠规建地〔2017〕22 号)
14	2017/10/9	珠海市住房和城乡建设局关于印发珠海市城市更新工作信用信息管理办法(试行)的通知(珠规建规〔2017〕3 号)

续表 2 - 5

编号	时间	文件名称
15	2017/10/15	珠海市香洲区人民政府关于印发《关于加快推进香洲区城中旧村更新工作的通知》的通知(珠香府〔2017〕67 号)
16	2017/12/13	珠海市城市更新单元规划编制技术指引
17	2018/1/26	珠海市住房和城乡规划建设局　珠海市国土资源局关于《关于加快珠海市"烂尾楼"整治处理的实施意见》文件执行有关问题的补充通知(珠规建更〔2018〕2 号)
18	2018/2/6	珠海市香洲区人民政府关于印发《关于规范香洲区旧工业区改造项目办理用地手续程序的意见》的通知(珠香府〔2018〕14 号)
19	2018/5/7	珠海市人民政府关于印发完善珠海市工业用地供应制度促进供给侧结构性改革支持实体经济发展实施意见的通知(珠府函〔2018〕147 号)
20	2018/5/9	珠海市人民政府关于印发珠海市城市更新项目申报审批程序指引(试行)的通知(珠府〔2018〕44 号)
21	2018/10/31	珠海市住房和城乡规划建设局关于印发《珠海市城市更新项目及"烂尾楼"处理项目经济评估工作指引(试行)》的通知(珠规建更〔2018〕25 号)

2. 政策解读

珠海城市更新在主要学习借鉴广州、深圳经验与做法的基础上,充分对接省"三旧"改造系列政策,并结合自身工作实际,构筑了"一二三 N"的政策框架体系,其包括以下几方面内容。

(1)"一"个总纲。

《珠海经济特区城市更新管理办法》(2016 年修订,原《珠海市城市更新管理办法》2012 年发布施行)为总纲,主要是结合珠海城市发展目标、城市更新工作需求的实际,并根据相关法律、行政法规的基本原则,对珠海行政区域范围内的城市更新活动做了框架性政策引导,如城市更新原则、城市更新单元规划与城市更新计划、城市更新项目申报审批、城市更新工作经费保障、城市更新信用信息管理、城市更新具体实施等。

(2)"二"个配套文件。

《珠海市城市更新项目申报审批程序指引(试行)》(2018 年修订)与《珠海市

城市更新项目地价计收和收购补偿管理办法》(试行)分别从申报审批程序、地价计收与收购补偿两个方面对珠海城市的更新工作做了具体规定,并与《珠海经济特区城市更新管理办法》形成了配套,服务于珠海城市更新工作的申报、审批、监管、地价计收和收购补偿。

(3)"三"类指导文件。

针对城中旧村、旧城镇及旧厂房三类更新项目分别出台了一系列指导文件,其中城中旧村指导文件包括《珠海市城中旧村更新实施细则》《珠海市香洲区城中旧村更新房屋面积认定和补偿暂行办法》《珠海市城中旧村更新开发规模测算指引》《珠海市香洲区城中旧村更新招标工作细则(试行)》《关于加快推进香洲区城中旧村更新工作的通知》,旧城镇指导文件包括《珠海市老旧小区更新实施办法》(正在制定)等,旧厂房指导文件包括《珠海市临时改变旧工业建筑使用功能项目管理实施意见》《关于加快推进香洲区旧工业区升级改造的若干意见》《关于规范香洲区旧工业区改造项目办理用地手续程序的意见》。

(4)"N"个操作办法、细则和辅助管理文件。

包括《珠海市城市更新单元规划编制技术指引》《珠海市城市更新单元规划开发规模测算技术指引》《珠海市城市更新项目及"烂尾楼"处理项目经济评估工作指引(试行)》《珠海市城市更新工作信用信息管理办法(试行)》《珠海市城市更新工作档案管理规范》等。

其他政策类文件还包括:《关于加快珠海市"烂尾楼"整治处理的实施意见》(含执行有关问题的补充通知),主要对"烂尾楼"项目的整治处理做了专项具体规定;《珠海市政府购买棚户区改造服务管理办法》,是根据国务院《关于进一步做好城镇棚户区和城乡危机改造及配套基础设施建设有关工作的意见》(国发〔2015〕37 号)的要求,由原珠海市住房和城乡规划建设局及原珠海市财政局联合印发的,珠海市政府通过政府购买棚改服务方式推进城市更新工作的具体管理办法;《完善珠海市工业用地供应制度促进供给侧结构性改革支持实体经济发展实施意见》明确,在保障工业用地供给、加大供给力度方面,"三旧"改造作为一种盘活城市存量土地的重要途径,会优先保障重点工业用地需求,同时鼓励工业用地原址升级改造。

2.4 本章小结

纵观国内外城市更新的发展阶段,可以发现城市更新的内涵、目标、改造模式、参与主体等都处于动态发展和不断变化中,城市更新的重要思想和具体实践与当时城市发展面临的现状问题息息相关,而中西方社会经济环境的差异导致了城市更新的内容、方式及效果的不同。

西方的城市更新历程，相继经历了功能重构、战后重建、邻里重建、人本主义等不同阶段，贯穿其中的一个主要动因是内城衰败带来的城市更新需求。近年来，西方城市更新的尺度从整个城市和整个片区的巨大更新尺度，逐步深入到社区层面，并进而深入到街区层面，整体呈现出从大规模整体性尺度逐步过渡到小规模渐进式更新尺度的特点，城市更新的内涵更加多元化、丰富化，更加注重多方合作的模式，更加注重社区参与和社会公平。

同国外相比，国内从中华人民共和国成立后才开始对城市更新有比较广泛的研究。

从计划经济时期到经济转型过渡期，城市更新基本仅限于旧城中整治城市环境和改善居住条件的修补工作，真正意义上的城市更新起步于第三阶段，即中国经济高速发展期，因经济利益驱动力强，通常采取的是粗放型推倒重建的更新模式，到了第四阶段，更新模式从最初的粗放式拆除重建开始往当前提倡的渐进性、小规模的整治转变，从关注建筑环境、物质环境改善，到强调物质、社会、经济、生态、文化的多重改善，价值目标逐渐走向多元和综合。城市更新主体从完全由政府主导的模式，逐渐转换为多方主体共同参与的模式。

城市更新是在城市区域范围内的城市功能的重新定位，未来，以"小规模、低影响、渐进式、适应性"为特征的"渐进式"的有机更新方式将成为城市更新的重要路径，城市更新也将围绕经济的增长、生活水平的提高以及社会文明的进步等多方面的目标开展，从而保证城市更新的质量，推动城市的内涵式创新发展。

第3章 城市更新经济评估工作机制

3.1 城市更新经济评估工作依据与原则

改革开放以来，中国经济社会发展取得了巨大成就，国内生产总值连年增长（年均增长率超过9%），至2016年我国GDP总量已达743585.5亿元。但是，经济快速发展的同时，也应该看到，中国的经济发展很大程度上是建立在土地资源的巨大消耗的基础之上的，为了推进经济社会的可持续发展，进行内涵式挖潜、广泛开展节约集约用地是未来发展的必由之路。

基于以上情况，作为经济发展排头兵的广东省率先与国土资源部合作，探索合作共建节约集约用地示范省，并积累有关经验。根据已经批复的《广东省深入推进节约集约用地示范省建设工作方案》（国土资函〔2013〕371号）及相关要求，城市更新（即以旧城镇、旧厂房、旧村庄改造为主要内容的"三旧"改造）作为工作方案的重要组成部分，应坚持政府引导、市场运作。

为了对城市更新市场运作工作进行规范，各主要城市出台的城市更新管理办法都对涉及房地产开发企业、城市居民、政府部门的市场配置、收益分配等相关事项做了明确规定，且作为政府规章予以施行、监督。如：

2015年12月1日施行《广州市城市更新管理办法》（广州市人民政府令第134号），在第九条明确城市更新应当统筹兼顾各方利益的前提下，对各相关方的利益进行了合理调节，在激励利益主体积极参与更新改造的同时，实现了各方利益的共享共赢。另，在更新规划与方案编制阶段明确，城市更新工作以城市更新片区为基本单元，城市更新片区策划方案应在现状数据调查的基础上，对改造成本等进行测算，结合可持续发展原则，设置更新片区规划建设总量，从而实现各相关主体间的利益平衡。

依据2016年新修订的《深圳市城市更新管理办法》（广州市人民政府令第290号）及《深圳市城市更新办法实施细则》等有关技术规范制定的《深圳市城市更新单元规划编制技术规定》（试行）明确，城市更新单元规划的一个基本原则即要有效实现包括政府在内的各方利益的平衡，并要求所有城市更新单元都应进行经济可行性的专项研究。

《珠海经济特区城市更新管理办法》（珠海市人民政府令第 114 号）明确，实施城市更新应当以更新单元为基本单位，城市更新单元范围未有控制性详细规划覆盖或更新单元规划对控制性详细规划的强制性内容做出调整的，应当补充城市更新经济评估等技术报告。

另外，《上海市城市更新实施办法》也明确，城市更新需形成城市更新区域评估报告，且区域评估时应组织公众参与，征求包括利益相关人在内的各方意见，充分了解本地区的城市发展和民生诉求。

由以上城市更新工作规章条款可知，利益平衡是城市更新经济评估坚持的核心原则，主要强调要在城市更新项目规划、建设及实施阶段兼顾投资开发单位（一般为房地产开发商）、更新区域物业权利主体和以政府单位为代表的城市公共群体的经济利益。

3.2　城市更新经济评估工作主体

城市更新工作涵盖项目立项、规划、建设、运营、管理的全生命周期，投资开发单位（一般为房地产开发商）、更新区域物业权利主体与代表城市公共群体利益的政府部门之间的经济利益博弈主要在项目更新单元规划方案报批环节，故本书中所述的城市更新经济评估主要针对城市更新项目更新单元规划报批环节的相关工作，城市更新项目更新单元规划报批具体包括城市更新单元规划方案编制、城市更新单元规划申报、城市更新单元规划成果审查及审批。其相应的工作主体包括：

1. 城市更新单元规划方案编制工作主体

现阶段城市更新项目更新单元规划编制一般参照控规进行技术管理，相应的更新单元规划方案编制一般由具有相应等级资质的规划设计单位及相关单位承担，以珠海城市更新单元规划为例，主要包括（不限于）更新单元城市设计、参照控制性详细规划内容框架及深度的单元规划、公共服务设施论证、交通影响评价、经济技术评估、景观风貌及文物保护评估等，相应的工作主体为承担了更新单元规划有关内容事项的一切主体单位，如规划设计单位、评估咨询单位等。

2. 城市更新单元规划方案申报工作主体

《珠海经济特区城市更新管理办法》中的整治类城市更新、改建类城市更新和拆建类城市更新对申报工作做了区分规定。其中，整治类城市更新可以由权利主体自行实施或由政府部门组织实施，相应的申报工作主体即为依据办法规定形成的项目权利主体或政府，这里的政府指区人民政府；改建类城市更新的实施方式同整治类城市更新类似，申报工作主体也与整治类城市更新相似，一般为项目权利主体或区级人民政府；拆建类城市更新由项目权利主体进行申报和实施，申报工作主体为项目权利主体，值得注意的是，依据更新管理办法，城中旧村更新的，村集体经济组织可作为申报工作主体。

3.城市更新单元规划成果审查、审批工作主体

珠海市城市更新项目更新单元规划成果审查由市规划行政主管部门进行审查、由区政府进行审批（简政放权工作之前，由市人民政府进行审批），工作主体为实际规划行政主管部门、区人民政府。

3.3 城市更新规划管控与经济评估要素

3.3.1 城市更新项目规划管控

珠海城市更新工作经过数年的探索与实践，已经形成一套较为成熟的"规划＋评估"管控体系。其中，"规划"是核心，主要是以控规（法定规划）内容要求为框架，并辅之以城市总规及有关专项规划成果符合性审查，编制区域的城市更新单元规划；"评估"为校核手段，即综合考量区域基础设施承载、区域交通运行、经济可行性和城市景观、城市风貌及文物保护需求，既给予市场主体一定的投资回报，也确保项目规划方案的科学、合理。项目更新单元规划与评估体系内容一起构成了城市更新项目的规划方案，如图3-1所示。

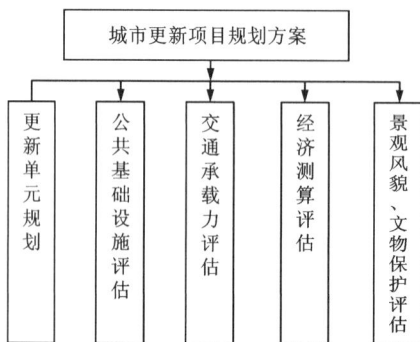

图3-1 城市更新项目"规划＋评估"管控体系图

1. 更新单元规划

（1）划定规划边界。

更新单元作为城市更新项目的规划边界，是城市更新项目规划组织的基本空间单位，一般是以城市更新改造项目的用地范围作为重点研究区域，综合考虑所在区域的经济、社会、文化关系的延续性，并结合道路、河流、产权边界等自然地理要素予以划定。更新单元一般连片分布，其范围内可以包含不止一个城市更新项目，见图 3 - 2。

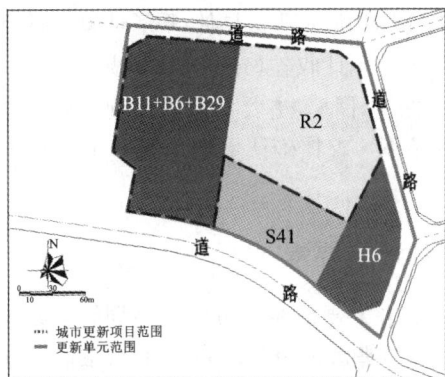

图 3 - 2　更新单元范围划定示意图

（2）确定规划指标内容。

珠海市城市更新项目更新单元规划具体编制过程及技术要求主要参照控制性详细规划或者修建性详细规划进行管理，包括但不限于以下内容要素：

①更新要素，包括更新目标、更新方式、"补公"①类型与规模等；

②其他规划要素，主要包括用地类型、功能空间布局及规模。此外，也应该包含必要的更新单元概念性布局规划及城市设计指引，以及与城市总规、片区控规、更新专项规划和其他专项规划等相关内容的衔接或者符合性说明等。

2. 评估内容体系

现行城市更新政策规定的评估内容主要包括公共服务基础设施评估、交通承载力评估、经济测算评估和景观风貌/文物保护评估等，其中：

---

①　注："补公"是指在城市更新项目的更新单元规划方案中，除去可销售的建筑外，需无偿提供的城市基础设施、公共服务设施或者其他城市公共利益建筑。

（1）公共服务基础设施评估，主要以划定的更新单元为评价范围，对比更新规划前后区域内的人口增减情况，从公共管理与社区服务设施、文化设施、医疗卫生设施、商业金融设施、教育科研设施、社会福利与保障设施、体育设施、区域给水、区域排水、供电、燃气供应和通信等多个维度评价区域范围内的设施规模与数量的标准符合情况（M Lashly – J，1955）。

（2）交通承载力评估，根据《建设项目交通影响评价技术标准 CJJ/T141—2010》及有关规定，主要以划定的更新单元及周边区域为评估边界，具体分析项目规划建设实施完成前后交通流量的变化，进而对交通流量变化引起的区域交通影响程度、建成后的道路服务水平等进行评价。

（3）经济测算评估，以更新项目为具体研究对象，研究从项目启动、规划申报到建设完成的成本投入及预计收益（或价值）情况。

（4）景观风貌/文物保护评估，主要分析项目规划建设实施完成以后对城市景观风貌的影响及协调性情况，查核确认更新单元范围内是否涉及文物保护主体并做必要说明。

3.3.2 城市更新经济评估要素

城市更新经济评估要素主要是在城市更新规划管控框架下，以广泛调研旧工业区、旧城镇和旧村庄等各类城市更新项目为工作基础，以辅助定量分析与决策为导向，梳理并筛选经济测算评估涉及的全面要素内容，探讨建立统一标准的经济评估要素体系。以期对城市更新项目经济测算评估工作进行规范，增加经济测算评估方案的科学性，同时方便政府部门在统一的标准框架下对方案进行审查、审批。按照项目基本条目和经济评估详细要素确定的经济评估要素如下：

1. 基本条目

基本条目主要是以项目为单位、面向管理工作的项目基本信息，包括项目所属的城市更新项目类别、项目用地产权的登记情况（面积等指标）、项目更新单元规划的"补公"用地面积、公租房的规划配建情况、公共服务设施等其他建筑面积（即规划"建筑补公"的面积）、项目规划可建设用地面积、项目原有物业产权的认定面积、项目规划回迁的建筑面积、融资开发规模项目更新单元综合容积率及总计容积率建筑面积等11个类别方面的信息。

2. 经济评估详细要素

从城市更新项目规划、建设的全生命周期进行考虑，尽可能梳理涉及的所有费用要素并予以明确，从而对城市更新项目的总成本进行科学估算，为项目的科学规划及审批决策提供决策依据。本次研究建立的城市更新项目经济测算标准指标内容如表 3 - 1 所示。

表 3 - 1　城市更新经济评估详细要素

要素类别			单位
前期费用(B)	1. 土地成本(B_1)	原欠缴地价本金及相应的利息、滞纳金(B_{11})	元
		续建、重建涉及改变用地功能或增加建筑面积计收地价(B_{12})	
		取得土地应支付的税费(B_{13})	
	2. 建筑物拆除成本(B_2)		元
	3. 货币补偿成本(B_3)	3.1 债权债务(B_{31})	元
		3.2 不可预见费(B_{32})	
		3.3 其他特殊补偿(B_{33})	
		…	
	4. 更新涉及的其他前期费用(B_4)	4.1 土地勘测定界费用(B_{41})	元
		4.2 房屋现状测量摸查(B_{42})	
		4.3 更新单元规划方案编制费(B_{43})	
		4.4 其他更新工作前期费用(B_{44})	
建筑安装费用(C)	1. 商业物业建筑安装工程费(C_1)		元/m²
	2. 办公物业建筑安装工程费(C_2)		元/m²
	3. 居住物业建筑安装工程费(C_3)		元/m²
	4. 酒店物业建筑安装工程费(C_4)		元/m²
	5. 工业物业建筑安装工程费(C_5)		元/m²
	6. 公共服务设施建筑安装工程费(C_6)		元/m²
	…		元/m²
装修费用(D)	1. 商业物业装修费用(D_1)		元/m²
	2. 办公物业装修费用(D_2)		元/m²
	3. 居住物业装修费用(D_3)		元/m²
	4. 酒店物业装修费用(D_4)		元/m²
	5. 工业物业装修费用(D_5)		元/m²
	6. 公共服务设施装修费用(D_6)		元/m²
	…		

续表 3 - 5

要素类别		单位
参与测算的相关费率及开发周期	1. 项目开发管理费率(G)	
	2. 销售费率(m)	
	3. 销售税率(M)	
	4. 利率(L)	
	5. 开发周期(N)	年
	6. 成本利润率(R)	
开发价值(Y)	1. 商业销售单价(Y_1)	元/m²
	2. 办公销售单价(Y_2)	元/m²
	3. 住宅销售单价(Y_3)	元/m²
	4. 酒店销售单价(Y_4)	元/m²
	5. 工业销售单价(Y_5)	元/m²
	6. 可对外销售地下停车位单价(Y_6)	元/个
	…	

3.4 城市更新经济评估工作存在的问题及建议

3.4.1 存在的问题

"规划 + 评估"管控体系中"评估"的本质,一方面是通过给予市场主体一定的合理的投资回报,确保运用市场化手段运作城市更新工作走得通;另一方面,则是通过多维度的综合评估,切实保障城市更新项目规划方案的科学性、合理性。

但是实际推进城市更新工作的过程中,却仍存在以下问题:

(1)城市更新项目规划方案一般由市场主体直接委托规划设计单位编制,但考虑到中国规划设计行业特殊的甲、乙方关系背景,实际的城市更新工作中,项目开发强度指标一般在前期即会通过变相"绑架"规划方案提前落实;

(2)除其他三项评估外,城市更新经济评估方法、过程和结果缺少统一的标准,增加了政府部门审查决策的难度,且不利于形成有效的监管依据,进一步刺激了市场主体(资本)的逐利性。

图 3 - 3 为城市更新项目规划容量确定机制。

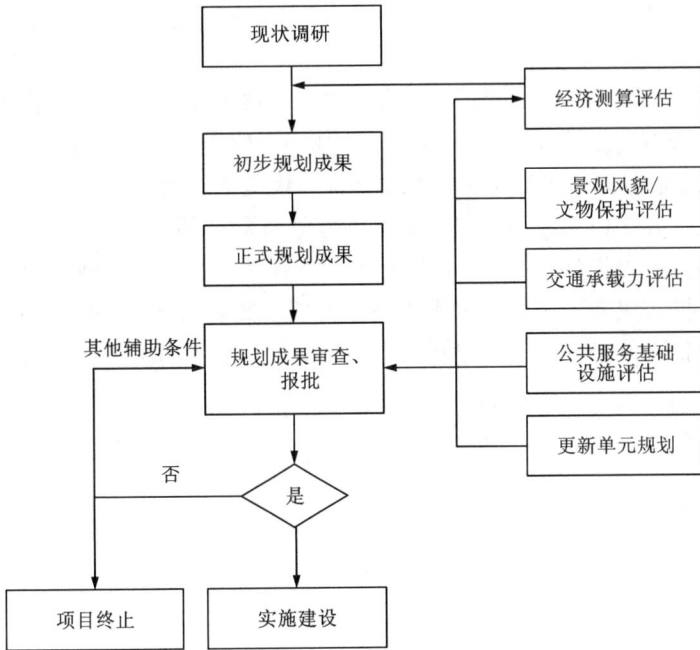

图 3 - 3　城市更新项目规划容量确定机制

3.4.2　有关工作建议

（1）在建立标准经济测算评估要素体系的基础上，进一步建立统一标准的经济评估算法模型，从而为更新单元规划编制、公共服务基础设施评估、交通承载力评估及景观风貌/文物保护评估提供标准成果组织的借鉴，为城市更新项目规划方案的量化分析提供技术方法参考。

（2）以上述经济评估体系（即经济评估要素体系）和经济评估算法模型为基础，研究开发专门的城市更新经济评估系统，既能够支撑城市更新经济评估的量化分析、审批决策及事后监管，为规划的科学编制提供保障；也能够促进城市更新数据资源的标准化采集、管理与应用共享，推动城市更新领域科技水平的进步，有利于当前以大数据和人工智能（人工智能技术应用的基础即是数据资源）为代表的智慧城市的建设。

3.5 本章小结

本章首先分析了广州、深圳、上海、珠海等特色城市中作为城市更新工作纲领性文件的城市更新管理(或实施)办法,其均围绕投资开发单位(一般为房地产开发商)、更新区域物业权利主体和以政府为代表的城市公共群体的利益平衡做了政策规定。其次以珠海市为例,聚焦各方经济利益博弈的核心环节(即项目更新单元规划方案报批环节),对城市更新经济评估工作主体、城市更新项目规划管控体系及城市更新经济评估要素进行了分析;最后从利益平衡的视角,对城市更新经济评估工作中存在的问题进行了剖析,并提出了有关工作建议。

第 4 章　城市更新项目经济评估决策模型研究及系统建设

城市更新工作是一项长期、艰巨和复杂的系统工程，在改造过程中存在多方面的矛盾。如开发商、业主和政府的出发点不一致，政府关注的是城市整体实力的增强，目的是通过城市更新，逐渐完善城市的公共服务设施、基础设施、城市功能等，从而提升城市的整体环境品质和经济质量；开发商则是通过分析成本收益核算利润率，更加关注利润率的多少；原业主则更多关注自有物业转让的收益。

如何平衡各方诉求，从中寻找它们之间的利益平衡点显得极为重要。经济评估作为寻求各方利益平衡点的一种有效手段，能够用量化的分析结果，揭示更新项目的实际成本值，为政府批准项目开发规模提供决策依据。

然而，现有的城市更新工作往往更多关注规划方案或交通影响，却没有一个有效的手段对经济评估主体进行高效管理和约束。主要表现为经济评估报告编制由开发企业主导，随意性较大；开发企业对容积率值的心理预期不断膨胀，会利用由其主导的经济评估结果向政府提出过高的容积率请求，而政府相关行业的管理人员因缺乏标准化、信息化的技术手段支撑，无法判定其实际开发成本，往往不得不同意其开发规模请求，否则，更新任务将无法完成，客观上形成了开发商对政府的"绑架"局面，导致城市更新中用地布局不合理和开发强度过高的情况时有发生。因此，迫切需要建立一套公平合理的城市更新项目经济评估体系和长效机制，以便于辅助政府引导市场运作。

4.1　城市更新项目经济评估决策理念

本次研究的目标是结合珠海城市更新工作的实际，在梳理城市更新项目规划方案编制机制并分析其存在的相关问题的基础上，以问题为导向，从更新单元规划经济测算评估入手，基于调研及深入技术研究建立全面的、科学的、可扩展的城市更新经济评估标准指标体系，建立系统的经济评估数学模型，研发经济评估模型软件系统，以城市更新信息化平台建设为抓手，实现城市更新经济评估工作的标准化和规范化管理，从而解决市场主体不合理的利益诉求所带来的城市规划管控及管理、治理问题。

该模型拟解决以下问题:

(1)城市更新经济评估报告没有规范依据,准确性、合理性存疑甚至可能虚假的问题。

(2)城市更新经济评估报告详概不一,无法在统一框架下校核、审查问题。

(3)申报单位的信用信息管理缺失的问题。

(4)数据资源积累、建库与共享复用不足的问题。

4.1.1 工作思路

在梳理城市更新项目规划方案编制机制并分析其存在的相关问题的基础上,以问题为导向,以定量分析及决策支撑为技术切入点,从更新单元规划经济测算评估入手,研究建立标准化的经济测算评估体系及算法模型,搭建城市更新项目经济评估业务系统,以城市更新信息化平台为抓手,为城市更新项目规划方案的定量评估及审查决策提供数据支撑,并为政府有关部门的后期监管提供依据。具体工作技术路线如图4-1所示。

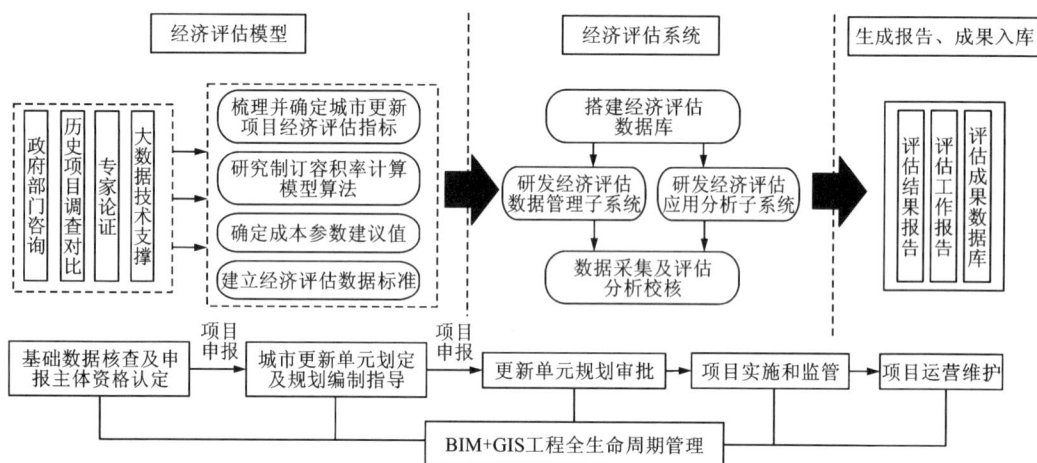

图 4-1 技术路线

本书以珠海城市更新工作实际为例,深入研究建立经济评估标准指标体系、优化算法,进而建立城市更新项目经济评估模型的方法;并依据建立的经济评估模型搭建城市更新经济评估一体化系统平台(含申报系统、评估系统、监管系统),实现城市更新改造项目经济评估编制、审查工作的流程化和标准化。平台引入物联网、BIM和GIS等新技术应用于城市更新项目的精细化管理,实现城市更新经济评估与城市更新单元规划信息的动态更新与维护，从而提供了城市更新项目申报、规划、建设、运营、管理的全生命周期管理，为城市更新项目的规划审批、建设管理及运营监管提供了服务。本书研究的城市更新项目经济评估体系及系统建设包括如下几个步骤：

（1）梳理并确定城市更新项目经济评估指标，建立经济评估数据标准。

该步骤主要是对城市更新项目的投资成本和合理利润率进行调研、分析和专家讨论研究，梳理并筛选经济评估涉及的要素和其他相关内容，最终确定经济评估的详细指标内容。基于经济评估指标，以及相关专家的研究讨论结果，建立与经济评估指标相对应的经济评估数据标准。

（2）基于大数据技术和历史项目调查，确定成本参数建议值。

变量取值是否准确，直接影响到旧城改造项目的测算结果。因此，在确定变量的基础上，我们将通过市场调查，经过详细的比对分析，针对不同性质的项目，分别对每个变量建议价值区间，以提高测算结果的准确性。

（3）基于经济评估指标体系研究制订容积率计算模型算法。

根据上述已确定的变量，按照旧城改造总成本加合理利润与融资计容积率建筑面积市场销售总额相平衡的原则，选用合适的估价方法进行推算，最终建立一套数学模型。

（4）基于经济评估数据标准搭建经济评估数据库，并制订数据更新机制。

基于经济评估数据标准和数学模型体系搭建经济评估数据库，数据库内容主要包括：经济评估指标参数、成本费用数据、项目工作范围空间信息、容积率计算过程数据、分析对比数据等属性数据，评估文档、审核意见、成果报告等文档资料，项目成果图件等。

（5）基于模型算法和数据库表研发经济评估业务系统。

包括数据导入、数据编辑、数据管理、数据查询统计、评估分析、对比分析、成果数据导出，以及用户管理、系统配置等功能。

（6）建立经济评估工作指引，开展经济评估报告的编制、审查工作。

应用经济评估业务系统采集历史数据，开展规整建库、基于数据标准的差异性分析及校核分析工作，自动导出评估工作报告，开展评估成果数据归档建库工作。

4.1.2　实施方案

城市更新主管部门要根据经济评估模型，在确定相关数据的基础上，模拟房地产开发过程，进行经济评估审查。

项目评估过程中，应根据相关工作指引及经济评估业务系统，对申请人委托的具有经济评估相关资质机构编制的经济评估报告进行审查，依托经济评估业务系统开展项目经济评估指标的规整、审查和档案管理工作，并参考权属资料、申报规划方案等资料对申请人提供的各项基础数据进行核定。

为了提高城市更新项目经济评估工作的公平性、合理性，城市更新主管部门应当采取公开方式建立评估专家备选库。在评审阶段，采用抽签的方式从评估专家备选库中选取三位专家委托其参与评估工作，最终评估结果取平均值。

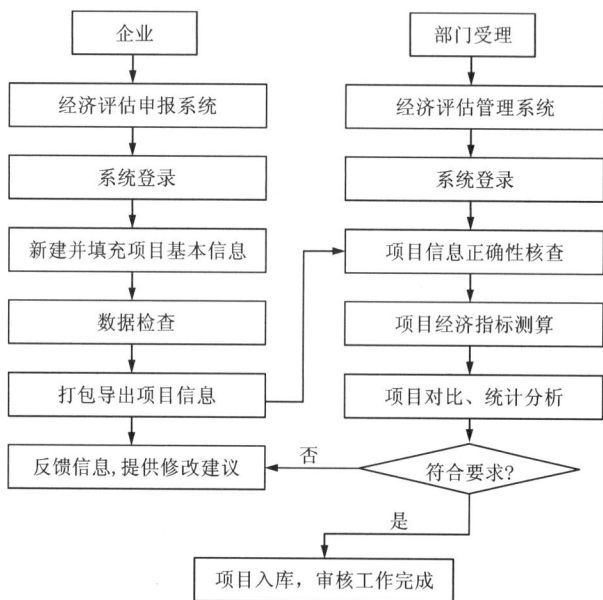

图 4 - 2   经济评估工作流程

实际操作流程如图 4 - 2 所示。首先，申报单位委托具有经济评估相关资质的机构编制经济评估报告，依托经济评估申报系统，按照一定的规则填报生成经济评估报告电子数据包。然后，城市更新主管部门依托经济评估管理系统，对申报单位提交的经济评估报告电子数据包进行审查。

4.2   城市更新经济评估体系

4.2.1   项目更新单元规划与评估体系

珠海城市更新工作经过数年的探索与实践，已经形成了一套较为成熟的"规划＋评估"管控体系。其中，"规划"是核心，主要是以控规（法定规划）内容要求

为框架，并辅之以城市总规及有关专项规划成果审查，编制区域的城市更新单元
规划；"评估"为校核手段，即综合考量区域基础设施承载力、区域交通运行、经
济效益和城市景观、城市风貌及文物保护需求，既给予市场主体一定的投资回
报，也确保项目规划方案的科学性、合理性。项目更新单元规划与评估体系内容
一起构成了城市更新项目的规划方案，如图 4-3 所示。

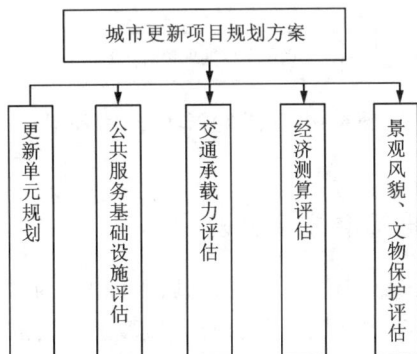

图 4-3　城市更新项目"规划 + 评估"管控体系图

现行城市更新政策规定的评估内容主要包括公共服务基础设施评估、交通承
载力评估、经济测算评估和景观风貌/文物保护评估等内容。其中，经济测算评
估是以更新项目为具体研究对象，主要研究从项目启动、规划申报到建设完成的
成本投入及收益（价值）情况。

然而，现有的经济评估工作往往会对规划或交通形成过高要求，没有一个有
效的手段对评估主体进行高效管理和约束，也缺乏标准化、信息化的技术手段支
撑，导致片面追求经济效益，使得城市更新中用地布局不合理和开发强度过高。
因此，迫切需要建立一套公平合理的城市更新项目经济评估体系和长效机制，更
好地辅助政府引导市场运作。本书在研究城市更新项目经济评估要素和数据标准
体系的基础上，创新性地提出了一种针对城市更新改造项目"投资收益—容积率
等指标控制"问题的经济评估系统解决方案，并基于计算机网络技术、数据库技术、
GIS、大数据等技术，研究建立了一套经济评估数学模型，并研发出了经济评估模型
软件系统，以城市更新信息化平台建设为抓手，实现了城市更新经济评估工作的标
准化和规范化管理，用数据说话，为辅助经济评估项目决策提供了科学依据。

因地制宜地建立城市更新经济评估体系是做好经济评估工作的第一步，城市
更新经济评估体系的建立旨在协调城市更新项目评价主体的利益平衡，保障合理
性。它包括成本指标参数和经济评估测算模型，城市更新相关项目类型又分为拆
建类、永久改建类、临时改建类、整治类 4 种类型，如图 4-4 所示。

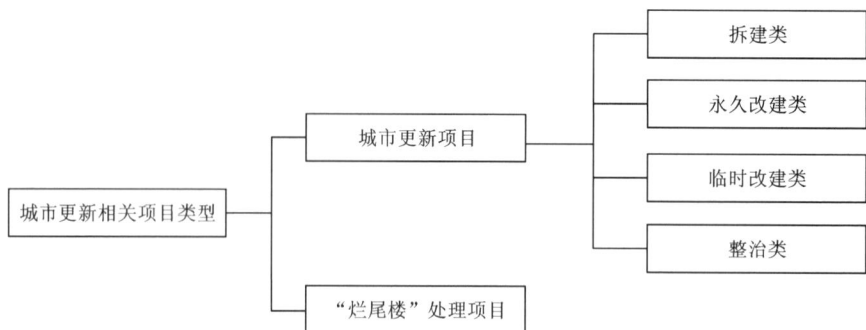

图 4 - 4　城市更新项目相关类型

4.2.2　经济评估数据标准体系建设

城市更新涉及的范围比较广泛，包括旧城区内的工业厂房、商业、办公、酒店等物业，在实际的项目实施过程中，应针对旧城改造项目的具体情况展开全面深入的调查。通过向政府相关部门咨询了解情况，同时对已改造的类似项目进行调查对比，结合定量和定性两种方式进行综合分析，最终确定项目改造涉及的所有变量。例如：项目开发完成后的销售价格、融资开发规模、项目用地面积、产权认定面积、安置补偿费用、企业停产停业损失、搬迁费用、更新单元规划方案编制费、土地勘测定界费用、房屋现状测量摸查费、不可预见费、各类功能建筑物土建建安成本、装修成本、管理费率、销售税率及费率、项目开发周期、利率、成本利润率等。

以珠海市拆建类"烂尾楼"项目为例，该"烂尾楼"项目是指已取得《建设工程施工许可证》并进行了部分地上建筑物建设，但于 2011 年 12 月 31 日已停工未续建，至《关于加快珠海市"烂尾楼"整治处理的实施意见》发布之日止（2017 年 5 月 10 日）主体也未办理规划核实和竣工验收的经营性开发项目。本书在广泛调研各类城市更新项目的基础上，梳理并筛选了城市更新经济测算评估涉及的要素内容，并结合项目管理需求，最终确定了包括基本条目和经济测算评估指标条目在内的、面向全类型城市更新项目的标准指标体系。其测算指标包括基本条目类别和经济测算条目，具体如下。

（1）基本条目，主要是以项目为单位、面向管理工作的项目基本信息，包括项目所属的城市更新项目类别、项目用地产权的登记情况（面积等指标）、项目更新单元规划的"补公"用地面积、公租房的规划配建情况、公共服务设施等其他建筑面积（即规划"建筑补公"的面积）、项目规划可建设用地面积、项目原有物业产权的认定面积、项目规划回迁的建筑面积、融资开发规模项目更新单元综合容积率及总计容积率建筑面积等 11 个类别方面的信息。详细指标内容如表 4 - 1 所示。

表4-1　基本条目类别标准数据表

条目类别	单位
1. 项目类别(F)	
2. 项目原权属用地面积(A)	m^2
3. "补公"面积(E)	m^2
4. 公共服务设施等其他建筑面积(Q)	m^2
5. 项目可建设用地(扣除"补公")面积(H)	m^2
6. 现有物业合法认定面积(J)	m^2
7. 地下室建筑面积(V)	m^2
8. 回迁建筑面积(P)	m^2
9. 融资开发规模(K)	m^2
10. 容积率(W)	
11. 计容积率建筑面积(规划)(X)	m^2

（2）经济测算评估指标条目，涵盖城市更新项目规划、建设的全生命周期，一共包括前期费用、建筑安装费用、装修费用、参与测算的相关费率与开发价值等5个类别，详细指标内容如表4-2所示。

表4-2　成本及开发价值评估测算标准数据表

条目类别		单位
前期费用(B)	1. 土地成本(B_1)	元
	2. 建筑物拆除成本(B_2)	元
	3. 货币补偿成本(B_3)	元
	4. 更新涉及的其他前期费用(B_4)	元
建筑安装费用(C)	1. 回迁商业物业建筑安装工程费(C_1)	元/m^2
	2. 销售商业物业建筑安装工程费(C_2)	元/m^2
	……	……
	11. 公共服务设施建筑安装工程费(C_{11})	元/m^2
	12. 地下停车场建筑安装工程费(C_{12})	元/m^2
	13. 人防工程建筑安装工程费(C_{13})	元/m^2

续表 4 - 2

条目类别		单位
装修费用(*D*)	1. 回迁商业物业装修费用(D_1)	元/m²
	2. 销售商业物业装修费用(D_2)	元/m²
	……	……
	11. 公共服务设施装修费用(D_{11})	元/m²
	12. 地下停车场装修费用(D_{12})	元/m²
	13. 人防工程装修费用(D_{13})	元/m²
参与测算的相关费率	1. 项目开发管理费(*G*)	元
	2. 销售费率(*m*)	
	3. 销售税率(*M*)	
	4. 利率(*L*)	
	5. 开发周期(*N*)	年
	6. 成本利润率(*R*)	
开发价值(*Y*)	1. 商业销售单价(Y_1)	元/m²
	2. 办公销售单价(Y_2)	元/m²
	3. 住宅销售单价(Y_3)	元/m²
	4. 酒店销售单价(Y_4)	元/m²
	5. 工业销售单价(Y_5)	元/m²
	6. 可对外销售地下停车位单价(Y_6)	元/个

4.3 经济评估模型构建

在经济评估数据标准体系的基础之上，经过数据调查、整理，通过具体项目相关变量的细化，可确定本次研究的变量因素。根据拟定的技术思路，可推导出融资建设规模测算的数学模型。即通过对旧村庄、旧工业、旧城镇以及"烂尾楼"更新项目总成本进行核算，并与项目更新完成后的销售收入进行对比分析，可进而推算出项目更新改造后的利润总额和成本利润率。

4.3.1　评估方法对比

评估方法的选择一般要综合考虑项目的实际情况、委托方的要求、研究目的等因素后,选择最适合的评估测算方法和应履行的程序,从而为城市更新项目经济测算提供成本合理的服务。

通常而言,评估测算方法主要有成本法、市场法、收益法、假设开发法。具体情况简述如下。

(1)成本法:成本法是测算估价对象在价值时点的重置成本或重建成本和折旧,然后将重置成本或重建成本减去折旧得到估价对象价值或价格的方法。

(2)比较法:比较法是选取一定数量的可比实例,将它们与估价对象进行比较,根据其间的差异对可比实例成交价格进行处理后得到估价对象价值或价格的方法。

(3)收益法:收益法是预测估价对象的未来收益,利用报酬率或资本化率、收益乘数将未来收益转换为价值得到估价对象价值或价格的方法。

(4)假设开发法:假设开发法是求得估价对象后续开发的必要支出及折现率或后续开发的必要支出及应得利润和开发完成后的价值,然后将开发完成后的价值和后续开发的必要支出折现到价值时点后相减,或将开发完成后的价值减去后续开发的必要支出及应得利润得到估价对象价值或价格的方法。

同类房地产中有较多交易的房地产,应选用比较法估价;收益性房地产,应选用收益法估价;可独立进行重新开发建设的房地产,应选用成本法估价;具有开发或再开发潜力且开发完成后的价值可采用比较法、收益法等成本法以外的方法评估的房地产,应选用假设开发法估价。上述估价方法均可用于旧城改造项目开发完成后价值的确定。

4.3.2　评估方法选取

1.假设开发法

本书经济评估模型的研究思路是模拟房地产项目开发过程,一方面考虑项目更新建设需要投入的总成本,另一方面考虑项目开发完成后的市场销售总额(市场价值),进而评估测算项目更新改造后的税后利润总额(净增值)和税后成本利润率。城市更新项目经济测算的实质是以项目启动时点为基准,对经过一定周期项目建设完成后的预期收益及该过程的投资成本进行测算,故可借鉴较成熟的房地产投资估算假设开发法(又称剩余法)。因此,本次模型测算适合选用估价方法中的假设开发法。

根据《中华人民共和国国家标准房地产估价规范》(GB/T 50291—2015),选用假设开发法估价时,应选择具体估价方法。动态分析法要对后续开发的必要支出和开发完成后的价值进行折现现金流量分析,且不另外测算后续开发的投资利息和应得利润,结合本次研究的实际情况,由于测算目的是评估城市更新项目经济效益(即税后利润和税后利润率指标等),动态分析法不适用。因此,本方案通过优化动态分析法,折现现金流量分析后另外测算后续开发的投资利息和应得利润。

假设开发法的基本计算公式为:

估价对象市场价格 = 开发完成后的房地产价值 – 开发成本 – 管理费用 – 投资利息 – 销售税费 – 开发利润 – 投资者购买待开发房地产应负担的税费。

2. 经济评估测算原则

(1)独立、客观、公正原则。

要求站在中立的立场上,实事求是、公平公正地评估出对各方估价利害关系人都是公平合理的价值或价格的原则。

(2)合法原则。

要求估价结果是在依法判定估价对象状况下的价值或价格的原则。

(3)最高最佳利用原则。

要求估价结果是在估价对象最高最佳利用状况下的价值或价格的原则。所谓最高最佳利用,是指房地产在法律上允许、技术上可能、财务上可行,并使价值最大、合理、可能的利用,包括最佳的用途、规模、档次等。

(4)价值时点原则。

要求估价结果是根据估价目的确定的某一特定日期的价值或价格的原则。

(5)替代原则。

要求估价结果是与估价对象类似的房地产在同等条件下的价值或价格偏差在合理范围内的原则。

4.3.3 基于标准指标体系的算法研究及模型建立

城市更新项目经济测算评估的实质是以项目启动时点为基准,对经过一定周期建设完成后的项目预期收益及该过程的投资成本进行测算,故可借鉴较成熟的房地产投资估算假设开发法(又称剩余法)。根据《中华人民共和国国家标准房地产估价规范》(GB/T 50291—2015)中关于假设开发法的适用规则,结合城市更新工作实际,并基于上述经济测算评估标准指标体系建立的城市更新项目经济评估数学模型,如图 4 – 5 所示。

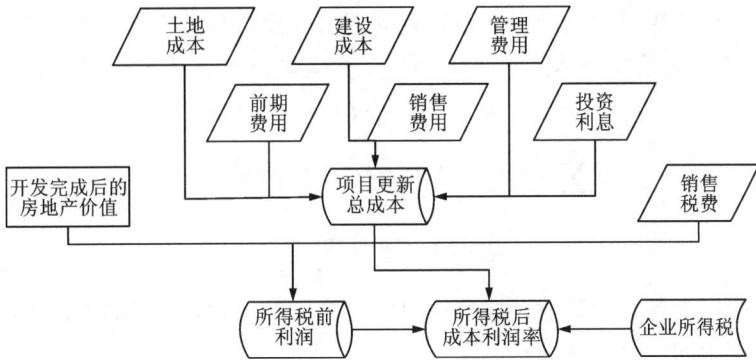

图 4 – 5　经济评估模型算法流程

1. 以项目启动时点为基准测算项目预期收益

项目预期收益 = 开发完成后的物业价值(Y) – 销售税费(y)。

其中，开发完成后的价值为各类型物业包括自持市场主体自持部分，其价值等于市场销售单价与对应建筑面积乘积之和：

$$Y = K_1 Y_1 + K_2 Y_2 + K_3 Y_3 + K_4 Y_4 + K_5 Y_5 + K_6 Y_6 + \cdots + K_n Y_n$$
$$= \sum_{i=1}^{n} K_n Y_n$$

销售税费为开发完成后的房地产价值与销售税率的乘积：

$$y = (K_1 Y_1 + K_2 Y_2 + K_3 Y_3 + K_4 Y_4 + K_5 Y_5 + K_6 Y_6 + \cdots + K_n Y_n)M = M\sum_{i=1}^{n} K_n Y_n$$

其中：K_1，$\cdots$，K_n 表示融资开发规模面积(含商业物业、办公物业、居住物业、酒店物业的融资开发规模)；Y_1，$\cdots$，Y_n 表示市场销售单价(含商业物业、办公物业、居住物业、酒店物业、可对外销售地下停车位的市场单价)；M 表示销售税费。

2. 以项目启动时点为基准测算项目全过程更新总成本

项目更新总成本(T) = 前期费用(B) + 建筑安装费用(C) + 装修费用(D) + 管理费用 + 投资利息 + 销售费用。

其中，前期费用包括土地成本(包含取得土地时应负担的税费)、货币补偿成本、建筑物拆除成本、更新涉及的其他前期费用，考虑了项目开发管理费用支出及项目开发周期内的投资利息支出后的计算公式为：

$$B = (B_1 + B_2 + B_3 + B_4)(1 + G)(1 + L)^N = (1 + G)(1 + L)^N \sum_{i=1}^{4} B_n$$

建筑安装费用为各类型物业建筑安装费用单价与建筑面积乘积之和，考虑了项目开发管理费用支出及项目建筑安装周期内的投资利息支出后的计算公式为：

$$C = (P_1C_1 + K_1C_1 + \cdots + P_5C_5 + K_5C_5 + \cdots + P_nC_n + K_nC_n$$
$$+ OC_3 + QC_6 + E_2C_i)(1 + G)(1 + L)^{\frac{N}{2}}$$
$$= \left[\sum_{i=1}^{n} (P_iC_i + K_iC_i + E_iC_i) + OC_3 + QC_6 \right]$$
$$(1 + G)(1 + L)^{\frac{N}{2}} \sum_{i=1}^{n} E_i = E_2$$

装修费用为各类型物业装修费用单价与建筑面积乘积之和，考虑了项目开发管理费用支出的计算公式为：

$$D = (P_1D_1 + K_1D_1 + \cdots + P_5D_5 + K_5D_5 + \cdots + P_nD_n + K_nD_n$$
$$+ OD_3 + QD_6 + E_2C_i)(1 + G)$$
$$= \left[\sum_{i=1}^{n} (P_iD_i + K_iD_i + E_iD_i) + OD_3 + QD_6 \right](1 + G) \sum_{i=1}^{n} E_i = E_2$$

销售费用按开发完成后房地产价值与销售费率的乘积计算，具体计算公式为：

$$销售费用 = (K_1Y_1 + K_2Y_2 + K_3Y_3 + K_4Y_4 + K_5Y_5 + K_6Y_6 + \cdots + K_nY_n)m$$
$$= m \sum_{i=1}^{n} K_nY_n$$

其中：$B_1, \cdots, B_n$ 表示前期费用；G 表示项目开发管理费；L 表示利率；N 表示开发周期；$P_1, \cdots, P_n$ 表示回迁物业建筑面积；$C_1, \cdots, C_n$ 表示回迁物业建筑安装工程费；$D_1, \cdots, D_n$ 表示装修费用；O 表示配建公租房建筑面积；Q 表示公共服务设施等其他建筑面积；E 表示"补公"面积；$K_1, \cdots, K_n$ 表示融资开发规模面积（含商业物业、办公物业、居住物业、酒店物业的融资开发规模）；$Y_1, \cdots, Y_n$ 表示市场销售单价（含商业物业、办公物业、居住物业、酒店物业、可对外销售地下停车位的市场单价）；M 表示销售税费；m 表示销售税率。

3.计算项目利润及成本利润率

统一明确基于上述计算指标的项目利润及成本利润率为城市更新项目经济测算评估的最终指标，具体计算公式如下：

项目利润(Z) = 项目预期收益 – 项目更新总成本

即有，

$$Z = \sum_{i=1}^{n} K_nY_n - M \sum_{i=1}^{n} K_nY_n - (1 + G)(1 + L)^{N} \sum_{i=1}^{i=4} B_n$$
$$- \left[\sum_{i=1}^{n} (P_iC_i + K_iC_i + E_iC_i) + OC_3 + QC_6 \right](1 + G)(1 + L)^{\frac{N}{2}}$$

$$- \left[\sum_{i=1}^{n} (P_i D_i + K_i D_i + E_i D_i) + OD_3 + QD_6 \right] (1 + G) - m \sum_{i=1}^{n} K_n Y_n$$

$$= (1 - M - m) \sum_{i=1}^{n} K_n Y_n - (1 + G)(1 + L)^N \sum_{i=1}^{4} B_n$$

$$- \left[\sum_{i=1}^{n} (P_i C_i + K_i C_i + E_i C_i) + OC_3 + QC_6 \right] (1 + G)(1 + L)^{\frac{N}{2}}$$

$$- \left[\sum_{i=1}^{n} (P_i D_i + K_i D_i + E_i D_i) + OD_3 + QD_6 \right] (1 + G)$$

项目成本利润率(R) = 项目利润 / 项目更新总成本

即有,

$$R = (1 - M) \sum_{i=1}^{n} K_n Y_n \Big/$$

$$\left\{ (1 + G)(1 + L)^N \sum_{i=1}^{i=4} B_n \right.$$

$$+ \left[\sum_{i=1}^{n} (P_i C_i + K_i C_i + E_i C_i) + OC_3 + QC_6 \right] (1 + G)(1 + L)^{\frac{N}{2}}$$

$$+ \left[\sum_{i=1}^{n} (P_i D_i + K_i D_i + E_i D_i) + OD_3 + QD_6 \right] (1 + G) + m \sum_{i=1}^{n} K_n Y_n \right\} - 1$$

其中: $B_1, \cdots, B_n$ 表示前期费用; G 表示项目开发管理费; L 表示利率; N 表示开发周期; $P_1, \cdots, P_n$ 表示回迁物业建筑面积; $C_1, \cdots, C_n$ 表示回迁物业建筑安装工程费; $D_1, \cdots, D_n$ 表示装修费用; O 表示配建公租房建筑面积; Q 表示公共服务设施等其他建筑面积; E 表示"补公"面积; $K_1, \cdots, K_n$ 表示融资开发规模面积(含商业物业、办公物业、居住物业、酒店物业的融资开发规模); $Y_1, \cdots, Y_n$ 表示市场销售单价(含商业物业、办公物业、居住物业、酒店物业、可对外销售地下停车位的市场单价); M 表示销售税费; m 表示销售税率。

4.3.4 模型设计的特点

该模型的设计特点主要表现在以下几个方面。

1. 立足工作实际的研究背景与工作机制探究

在基于文献调研系统梳理了城市更新国外、国内发展历程的基础上,以珠海为实际案例,分析研究了市场化手段条件下较多采用"拆—赔—建"模式推进城市更新工作带来的城市治理、管理的现实问题,并进一步探索研究了可能的应对策略——以定量分析与信息化技术为支撑的城市更新经济评估模型的研究及建立。

2.标准化模型输入、输出参数设计

城市更新是一项涉及规划研究、方案申报、建筑设计、建设及运营管理等多个层面的系统工程,保证经济评估准确性的第一步即是建立完整的评估指标体系。本次研究在深入调研实际项目案例的基础上,广泛征集了房地产开发企业、评估咨询机构、规划研究机构、规划审批等单位的意见,同时基于数据资源整合与共享的需求,以标准化理念为指导,最终制订形成了包含基本条目类别、测算评估标准指标类别在内的完整、详细的标准化模型输入、输出参数体系。

3.模型算法优化优选

根据《中华人民共和国国家标准房地产估价规范》(GB/T 50291—2015),选用假设开发法估价时,应选择具体估价方法。本次研究通过优化动态分析法,折现现金流量分析后另外测算后续开发的投资利息和应得利润,将该方法创新地应用到城市更新经济评估工作,并作为模型的标准算法。

4.基于GIS的城市更新经济评估一体化平台实现

基于空间位置属性建立项目空属联动关系,利用"一张图、一张表"实现了城市更新项目经济评估报告分析及审查管理的标准化、流程化,同时依托数据库技术建立了城市更新项目数据中心,从而为城市更新项目经济评估报告研究编制、审查决策及申报主体企业信用信息管理提供了数据支撑和科学依据。

4.3.5 应用方向或应用前景

本书以珠海城市更新工作为例,通过聚焦城市更新项目在规划方案编制、审查及监管环节中存在的问题,以问题为导向,以量化分析为技术手段,研究建立了城市更新经济测算评估模型。该模型可能的应用方向或应用前景包括以下几个方面。

1.城市更新项目规划方案编制(或称城市更新设计)

以珠海城市更新工作为例,经济评估报告是城市更新项目更新单元规划的必要组成部分,统一标准指标体系与算法的经济评估模型能够为项目更新单元规划提供技术支撑,同时能为城市更新项目规划方案的量化分析提供技术方法参考。

2.项目更新规划方案审查、审批

模型对城市更新项目经济评估报告的指标内容、指标取值等做了规范,并建立了城市更新经济评估报告的统一、基础框架,一定程度上保障了报告的科学

性,同时也能够对政府审查、审批决策工作形成支撑。

3. 企业信用监管

城市更新是城市建设、管理的重要组成内容,基于 GIS 及数据库技术的模型实现,能够方便地保存企业规划申报、建设管理、运营维护等行为的直接资料,从而支撑起对企业的城市更新行为的信用信息管理。

4. 服务智慧城市建设

城市更新数据资源的标准化采集与管理,促进了城市更新数据资源的共享及应用,推动了城市更新领域科技水平的进步,有利于当前以大数据和人工智能(人工智能技术应用的基础即是数据资源)为代表的智慧城市建设。

4.4 城市更新项目经济评估系统建设

4.4.1 系统概述

1. 系统建设目标

为了实现经济评估工作的流程化、自动化,需要将经济评估测算模型与计算机技术结合起来,研发一套城市更新项目经济评估系统。系统旨在从经济角度分析研究方面入手,更具体地讲是从开发成本及开发利润着手,根据城市更新建设项目评估行业的发展特点,参考国家发改委的建设项目经济评价方法与参数标准、城市规划理论、城市土地经济学、房地产开发评估理论,按照软件工程原理,运用现代空间信息技术(GIS、RS 等)、数据库与空间数据库技术(RDBMS)、信息管理系统技术(MIS)、多媒体技术(Multimedia)以及计算机网络技术(Internet/Intranet 等)等手段,实现对珠海市城市更新项目(不含旧村)经济评估模型系统的研发。

项目建设完成后,能提供一套独立的经济评估模型及软件平台,实现城市更新改造项目经济评估工作的流程化和规范化,以及城市更新改造项目数据资料的不断积累和工作经验的不断完善,进一步完善"用数据说话、用数据决策"的智慧城市建设机制,提升政府相关决策的科学性。

2. 系统介绍

系统为城市更新项目经济评估工作建立了一套公平合理的长效机制,是一套从申报到审查、审批皆涵盖在内的一体化软件系统，包括城市更新项目及"烂尾楼"处理项目经济评估申报系统和城市更新项目及"烂尾楼"处理项目经济评估管理系统两部分。其中，申报系统的使用主体为企业申报人员，系统将数据库和软件有效结合起来，方便企业申报人员以统一的格式和标准传递到受理部门进行审查、审批。此外，经济评估管理系统的使用主体为城市更新主管部门，本系统创新性地融合了一套经济评估指标及软件平台，能为城市更新项目及"烂尾楼"盘活改造项目更新单元规划的审查、审批提供决策参考，并为城市更新工作的诚信监管提供依据。

业务系统工作流程简述如下：在城市更新项目经济评估过程中，首先申报主体进行项目申报工作，需在申报子系统填写对应的资料，生成经济评估电子数据包，然后提交到城市更新主管部门，再由城市更新主管部门对上报的经济评估结果进行核查。

城市更新项目经济评估系统的建设为城乡规划、城市更新、管理和多层次应用服务体系提供了城市更新大数据中心和信息共享平台，并将逐步应用于前期市场分析、项目经济测算、项目可行性研究、规划设计和建筑设计、项目策划定位、税收、金融、法律等领域。

4.4.2 系统架构

1.系统功能设计

系统按层次体系结构进行设计，在逻辑上对不同的功能进行层次划分，这样有助于对系统进行研发和分析，也便于系统的维护和升级。系统在逻辑上可划分为5个层次，分别是数据库层、管理层、服务层、应用层、用户层。系统架构如图4-6所示。

城市更新经济评估模型系统面向业务需求，其构建的相关业务子系统及相关用户情况主要有以下几个方面。

（1）项目申报子系统：开发商作为项目的投资申请人，使用自己单位的用户名和密码登录到系统，可以获得相关资料，向系统提交本单位项目的申请。包括项目申请模块、项目更改模块、项目查询模块、数据导出模块、帮助模块等。

（2）项目评估子系统：为高级用户提供了一个基于个人权限的使用环境。在这个环境中，高级用户使用自己的用户名和密码登录，登录后可对开发商提交的申请决定是否受理、要求下级单位提供所有相关的数据、获得基础分析的数据。并在项目资料集成管理的基础上，可面向经济评估项目业务流程，进行项目数据的导入、项目数据管理、项目数据查询检索、项目数据统计分析、计算分析等。其主要用户为负责评估的高级用户。

图 4-6　系统架构

（3）城市更新微信公众参与子系统：一个以公众参与为基础的城市更新微信公众平台，为城市更新信息发布、公众参与调查和互动提供了可行途径，用于城市更新的数据管理和发布，能够为城市更新提供更有效的实时信息来源。其主要用户为分享城市更新成果的微观个体。该子系统总体框架图如图 4-7，4-8所示。

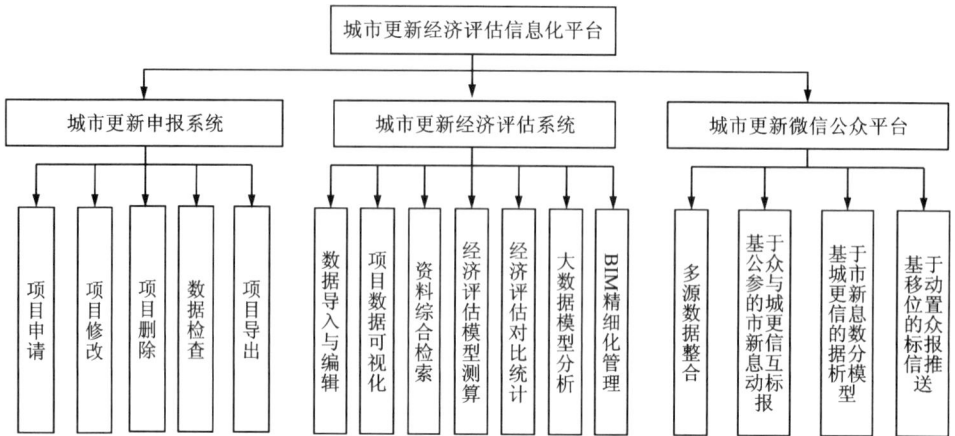

图4-7 城市更新经济评估系统功能设计

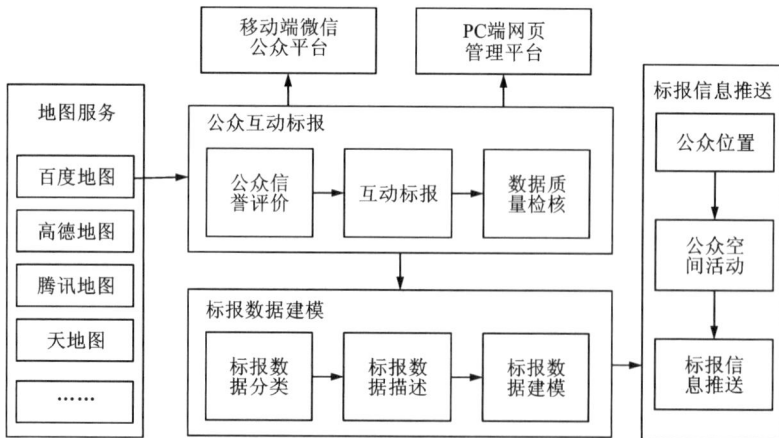

图4-8 城市更新微信公众平台功能架构

2. 系统建设原则与技术术语

（1）系统建设原则。

①准确性和高效性。

通过深入调研和专家研究论证，能保证经济评估要素内容的全面性。并在相关模型研究的基础上，可确保经济评估数学模型的准确性、高效性。系统设计充分考虑利用客户现有资源（如服务器、网络设备、其他业务系统等），以及国家通讯网的资源优势和运营成本优势，采用先进的具有自有知识产权的软件技术，使系统结构最优化，且建设成本最低，同时便于长期使用。

②可扩展性和先进性。

软件系统采用模块式升级方式，可逐步实现平滑扩容；使用先进的网络开发技术，以 C/S 或 B/S 体系结构为框架，结合模块化和结构化的设计思想，具有适当的超前性。在硬件方面，能够支持多种硬件设备和网络系统，能够方便地扩展应用；在数据方面，网络系统、数据库系统和信息通讯枢纽采用标准数据接口，具有与其他信息系统进行数据交换和数据共享的能力，能充分保证经济评估数据标准体系的科学性、可扩展性。

③高度灵活性和可定制性。

系统具有较好的开放性和结构的可变性，可采用模块化结构，提高各模块的独立性，尽可能减少模块间的偶合性，使各子系统、模块间的依赖度降至最低。

④开放性和可扩充性。

系统向上提供为实现各项更高级功能的标准接口及对外信息发布、服务标准接口，向下提供管理各种类型数据及相关基础功能的标准接口，使系统在实施中具有开放性、屏蔽异构性、可伸缩性的统一管理能力。

⑤可靠性。

可靠性是指系统抵御外界干扰的能力及受外界干扰时的恢复能力。一个成功的系统必须具有较高的可靠性，如安全保密性、检错及纠错能力、抗病毒能力等。系统完成后，通过权威机构的软件测试，可确保数据库及软件系统的稳定性、兼容性。

⑥实用性。

系统在设计时采用人性化设计，在满足应用需求和系统各项性能指标的情况下应尽量使软件操作简单、界面友好；系统在实施时，应尽量避免不必要的复杂化，使各功能模块尽量简洁、优化，以便缩短处理流程，提高处理效率。

⑦标准化和规范化。

系统构建过程中，将建立标准化、规范化接口，遵循已有相关行业规范。

⑧安全性。

系统应遵循安全性原则，在开发过程中，应符合国家信息的安全和保密要求；同时，系统在开发实施时应充分考虑权限控制、网络控制和数据的保密，并能提供数据备份功能，进行数据的备份。

⑨规范性和有效性。

系统完成后，应通过指导政府部门和项目方开展经济评估工作，确保经济评估工作的规范性、有效性，并做好数据和系统的跟踪维护工作。

（2）技术术语。

【服务器】：指一个管理资源并为用户提供服务的计算机，通常分为文件服务器、数据库服务器和应用程序服务器。运行以上软件的计算机或计算机系统也被称为服务器。

【客户端】：指与服务器相对应，为客户提供本地服务的程序。除了一些只在本地运行的应用程序之外，一般安装在普通的客户机上，需要与服务端互相配合运行。

【C/S 模式】：是一种软件系统体系结构，指 Client/Server 或客户/服务器模式。其工作模式的基本原则是将计算机应用任务分解成多个子任务，由多台计算机分工完成，即采用"功能分布"原则。客户端完成数据处理、数据表示以及用户接口功能，服务器端完成 DBMS（数据库管理系统）的核心功能。客户需要安装相应的应用软件进行应用功能使用。

【B/S 模式（Browser/Server，浏览器/服务器模式）】：是 Web 技术兴起后的一种网络结构模式，Web 浏览器是客户端最主要的应用软件。这种模式统一了客户端，将系统功能实现的核心部分集中到服务器上，简化了系统的开发、维护和使用。客户机上只需安装浏览器，即可进行系统应用。这种模式应用，其部署方便，维护使用简单。

【空间数据】：指用来表示空间实体的位置、形状、大小及其分布特征等方面信息的数据，它可以用来描述来自现实世界的目标，具有定位、定性、时间和空间关系等特性。空间数据是一种用点、线、面以及实体等基本空间数据结构来表示人们赖以生存的自然世界的数据。

【空间数据库】：指在物理存储介质上存储的与应用相关的地理空间数据的总和，一般是以一系列特定结构的文件形式组织在存储介质之上。

【属性数据库】：相对于空间数据库，主要指按照相应的逻辑组织方式，在物理介质上，以专题组织模式，以结构化方式存储非空间的业务数据。

【二三维可视化】：指利用地理信息技术，采用可视化方法实现二维图形数据可视化；利用三维模拟、显示等技术，通过多种空间数据进行综合分析、空间数据还原，进而实现空间数据三维可视化的技术。

【热备份路由器协议（HSRP）】：支持特定情况下 IP 流量失败转移不会引起混

乱，并允许主机使用单路由器，即使在实际第一跳路由器使用失败的情形下仍能维护路由器间的连通性。

【虚拟局域网（VLAN）】：Virtual Local Area Network，VLAN 是一种将局域网设备从逻辑上划分成一个个网段，从而实现虚拟工作的新兴数据交换技术。

【网络防火墙技术】：是一种用来加强网络之间的访问控制，防止外部网络用户以非法手段通过外部网络进入内部网络，访问内部网络资源，保护内部网络操作环境的特殊网络互联设备。

【网络地址转换（NAT）】：用于把 IP 地址转换成临时的、外部的、注册的 IP 地址标准。它允许具有私有 IP 地址的内部网络访问因特网。它还意味着用户不需要为其网络中的每一台机器都取得注册的 IP 地址。

【802.11n 协议】：802.11n 结合了多种技术，其中包括 Spatial Multiplexing MIMO（Multi – In，Multi – Out）（空间多路复用多入多出）、20 和 40 MHz 信道和双频带（2.4 GHz 和 5 GHz），以便形成很高的速率，同时又能与以前的 IEEE 802.11b/g 设备通信。

【独立冗余磁盘阵列】：Redundant Array of Independent Disk，RAID，是一种把多块独立的硬盘（物理硬盘）按不同的方式组合起来形成一个硬盘组（逻辑硬盘），从而提供比单个硬盘更高的存储性能与数据备份能力的技术。RAID 的特色是 N 块硬盘同时读取速度加快及提供容错性（Fault Tolerant）。根据磁盘阵列的不同组合方式，可以将 RAID 分为不同级别。目前业界最经常应用的 RAID 等级是 RAID 0 ~ RAID 5，级别并不代表技术高低，选择哪一种 RAID level 的产品纯视用户的操作环境（operating environment）及应用而定，与级别高低没有必然关系。

【Web 服务】：是一种软件接口，它描述了一组可以在网络上通过标准化基于 XML 消息传递访问的操作，基于 HTTP/HTTPS 和 XML 序列化的通信机制下实现 Web 服务的调用。其中 XML 消息基于 SOAP 简单对象访问协议（Simple Object Access Protocol）进行封装，用于描述要执行的操作或要与另一个 Web 服务交换的数据；软件的接口采用 Web 服务描述语言 WSDL（Web Service Description Language）定义。主要用来解决数据和应用程序集成的问题，将技术性的功能转换成面向业务的计算任务，使异构的计算机系统能够有效地相互操作。

【企业服务总线（ESB）】：是介于基础架构服务（infrastructrue services）和应用服务（application services）之间的中间层，采用中间件技术实现并支持 SOA 的一组基础架构功能，支持异构环境中的服务、消息，以及基于事件的交互，具有适当的服务级别和可管理性。

【服务式地理信息系统（Service GIS）】：是将地理信息的功能基于国际开放地理信息联盟（OGC）的标准（如 WMS、WFS 和 WCS）及其他相关标准，封装为标准的 Web 服务接口，以 Web 服务的方式调用的一种地理信息系统软件技术或软件产品。服务式 GIS 支持基于 OGC 标准的服务聚合，可以将不同来源的 GGC 标准服务通过组合或图层叠加，以服务发布；可以支持多级服务聚合，支持服务端和客户端聚合；可以解决异构 GIS 平台之间的数据共享、交换与应用集成问题。

【工作流(Workflow)】：就是"业务过程的部分或整体在计算机应用环境下的自动化"，它主要解决的是"使在多个参与者之间按照某种预定义的规则传递文档、信息或任务的过程自动进行，从而实现某个预期的业务目标，或者促使此目标的实现"。

【元数据(Metadata)】：为描述数据的数据，主要是描述数据属性的资讯，用来支持如指示储存位置、历史资料、资源寻找、文件记录等功能。单个元数据项通常用来描述单个数据、目录项，或包括多级目录项的数据集，如数据库框架。在数据处理过程中，元数据能提供应用或环境中的信息、文件或者其他数据等。

【地理编码(Geo Code)】：地理编码(空间实体编码)采用标准化的编码格式表示的地表、地下或者空中的地理空间点在特定时间的确切位置的测量信息。也可理解为建立地理位置坐标与给定地址一致性的过程，即指在地图上找到并标明每条地址所对应的位置。地理编码是 GIS 中比较重要的一个功能，又称地址匹配(address – matching)。

4.4.3　系统网络结构

1. 服务器等硬件配置

为保障绿地信息系统的数据安全及提供实时服务，可采用超融合基础架构技术架设系统服务架构。

超融合基础架构：将虚拟计算平台和存储融合到一起，将每台服务器里面自带的硬盘组成存储池，以虚拟化的形式提供数据中心所需要的计算、网络、安全以及存储等 IT 基础架构。超融合方案可便捷支持 2 ~ 3 个副本。当某些服务器损坏时，所需要的数据还会存在对应的副本里，工作还能正常进行。

2. 网络配置

城市更新项目经济评估系统拟将采用 B/S + C/S 开发模式进行应用系统建设，其相应部署在珠海市住建局等相关评估单位的局域网环境内即可完成，需考虑系统安全性，其他方面无特殊要求。系统网络体系结构如图 4 – 9 所示。

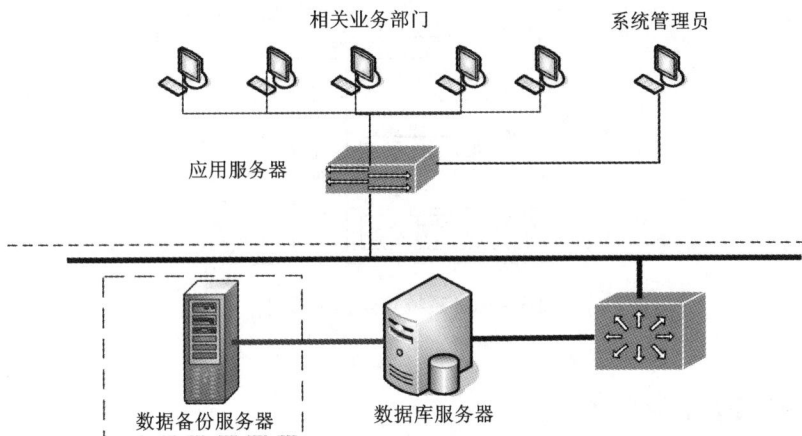

图 4 – 9　系统网络体系结构

4.4.4　系统运行环境设计

综合考虑系统建设总体目标及未来使用该系统的实际情况,城市更新经济评估系统采用单机运行版本进行部署。采用 Microsoft SQL Server 数据库对系统相关属性信息、文档资料进行统一管理,采用 Arc GIS 本地地理数据库管理方式存放经济评估项目基础地理、遥感影像数据,这种结构安全性强、速度快,便于用户按照统一方式存储与管理相关的数据及应用。

经济评估系统支撑软件主要包括 SQL Server 数据库、Arc GIS 平台。其中,各支撑软件相关需求说明有以下几点。

(1)数据库软件:能够实现空间数据存储、检索业务的需求;能够基本满足现有业务部门、后期扩展部门的应用需求;能够考虑各相关部门同时在线访问数据库并发性能的要求;能够持续满足后期高性能存储、高性能计算扩展的需求。

(2)Arc GIS 平台:综合考虑信息系统建设需求,需要能够支持 C/S 与 B/S 两种操作模式的应用系统建设。

(3)系统开发环境及语言:Microsoft Visual Studio 2010(C + +、C#)。

4.4.5　系统安全性设计

系统安全要求能够抵御病毒入侵或非法人员登录进入,在系统出现故障、造成数据损坏时,能及时通过系统的自动备份与恢复功能进行恢复。为确保系统的安全运行,系统安全设计必须从全方位、多层次加以考虑,即通过操作系统级、数据库级、应用系统级和系统管理级的安全设计措施来确保安全。这四个层面的安全措施相辅相成，共同构成了整个系统的安全体系，见图 4 - 10。

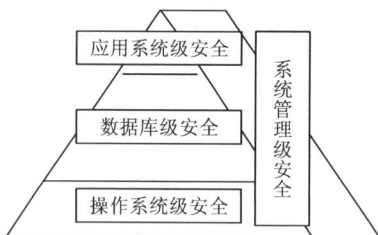

图 4 - 10　系统安全体系设计

1.操作系统级安全

操作系统是整个信息管理系统的薄弱环节之一，也是黑客和病毒经常攻击的对象，它的安全性至关重要。操作系统是信息管理系统安全应用的基础，它控制着资源的共享和多道程序的运行。操作系统安全问题源于操作系统的脆弱性，在系统设计中应尽量减少操作系统造成的不安全因素，对操作系统有如下要求：

(1)统一操作系统。

尽量做到统一操作系统，本案中操作系统指定为 Microsoft Windows 7 Professional(64 位)操作系统，便于对操作系统的安全性进行控制。

(2)操作系统的备份与恢复。

从电源上配备 UPS，安装断电自动关机软件，防止因"掉电"引起系统或数据的丢失。

利用操作系统自带的系统恢复软盘的制作和对操作系统非常重要的文件(系统文件、参数配置文件、注册表信息文件等做异地拷贝)。

(3)合理配置操作系统参数。

操作系统的安全问题往往是配置不当造成的，要加强对系统管理员权限的管理，并加强对其的培训。去掉操作系统上一些不必要的应用，不给黑客留有攻击的入口。

(4)加强口令、密码的管理。

加强口令、密码的管理，防止账户被他人盗用。

(5)Windows 7 的安全。

严格用户账号管理，使用 Windows 7 时系统硬盘的分区用 NTFS 取代 FAT 或 FAT32，及时安装最新的操作系统 Service Pack。

2. 数据库级安全

数据库管理着所有的项目资料数据，数据库安全是整个信息管理系统运行的前提条件，所以必须制订有效的数据库安全设计。经济评估项目数据库采用的是 Microsoft SQL Server 关系型数据库，数据库安全设计主要从用户账户管理、数据库备份与恢复等方面来考虑。

（1）用户账户管理。

用户账户管理包括有效管理用户账户的口令，特别是系统管理员账户的有效管理，以及每个账户的角色和权限的正确设置。

（2）数据库的备份与恢复。

①数据库系统本身的备份与恢复。

数据库本身具有完备的备份、恢复机制。

②数据的物理存储备份。

对信息管理系统中的数据，包括原始数据、中间数据、成果数据以及其他数据的备份/恢复主要从数据的物理存储备份来设计。

3. 应用系统级安全

应用系统级安全主要是从系统的应用方面来考虑安全设计，其主要分为两个方面：一方面为信息管理系统软件会根据用户级别、身份的不同而编制不同的子系统软件功能模块；另一方面会根据用户级别的不同，设置用户的不同权限，以便用户对数据有不同的权限设置。

根据用户职能、业务范围的不同，系统可分为不同的子系统，并分别编制不同的软件模块供用户使用，由于软件模块功能的不同，用户的使用权限也相应不同。

根据用户级别的不同，可以设置不同的系统软件权限，相对的底层数据库、数据操作的权限（如对数据库表、数据的读写权限等）也不一样。

对整个信息管理系统的软件、环境参数文件、运行配置文件等做备份，以防止系统软件出现故障时，造成整个信息管理系统的瘫痪。

4. 系统管理级安全

系统管理级安全管理主要基于三个原则：多人负责原则、任期有限原则、职责分离原则。

从系统的安全管理出发，建议成立一个专门的安全管理中心，制定安全管理制度，安装、配置安全系统并进行维护，对用户进行安全教育，对用户的访问进行监控、监督等。

要做到内部人员与外部人员分离、开发人员与用户分离、用户机与开发机分离、权限分级管理等，并制订一系列安全制度规定(包括安全服务器管理规定、系统备份管理规定、用户管理制度、授权管理制度以及用户安全教育制度等)。

4.4.6 数据库设计

建立经济评估项目，数据库设计是系统建设的首要任务之一，即将采集到的不同来源、不同种类的数据进行统一收集、管理、更新，为应用系统软件提供标准的数据结构和一致的查询接口。

1.逻辑结构设计

经济评估项目数据库基本结构主要包括业务属性库、附图文档库、图形影像库和系统配置库，数据库基本结构见图4-11。

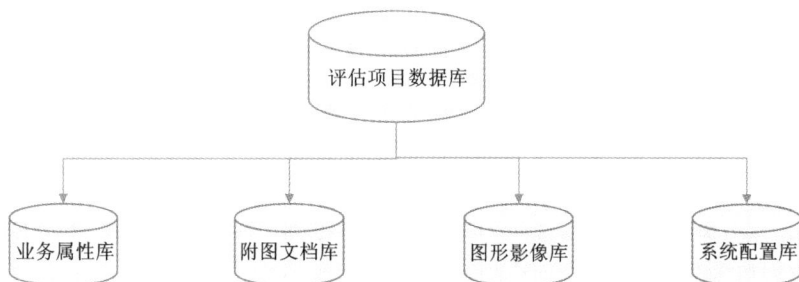

图4-11 项目数据库逻辑结构图

其中业务属性库是输入数据库，即将项目测算指标参数录入成表，形成相应的数据库，另外还包含项目基本信息、评估分析过程中生成的评估指标数据。文档库是系统评估分析后导出的结果数据。图形影像库和系统配置库属于辅助性数据库，图形影像库主要供查阅或图件输出时使用，系统配置库包括数据字典、测算参数的建议值等。

(1)业务属性库建设。

业务属性库主要由评估项目的数据表组成，是本系统的基础数据库。业务属性库的建库方法是：首先根据系统结构创建表，然后再根据表创建数据输入窗体，最后将填制的属性卡片录入，形成最终的业务属性库，业务属性数据的关系如图4-12所示，业务属性表如表4-3所示。

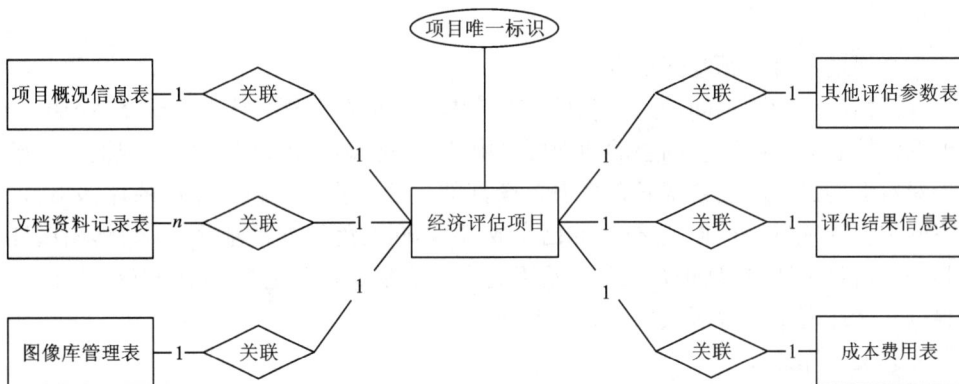

图 4-12　业务属性 E-R 图

表 4-3　业务属性表

序号	中文表名	英文表名	表功能说明
1	评估项目档案信息表	ProjInfoTab	记录项目基本信息
2	评估测算结果信息表	EcoRstTab	记录项目更新成本、项目物业开发完成后价值、税后利润以及税后成本利润率 4 个经济评估指标
3	申报主体信息表	ApplyMainInfoTbl	记录申报主体基本信息
4	成本费用表	CostTab	记录项目成本费用
5	其他评估参数表	EvaluateParaTab	记录其他相关的评估参数
6	文档资料记录表	DocTab	记录参考资料和输出的成果文档
7	数据项字典表	Sys_dataItemDicTab	记录系统中数据项

（2）图形影像建设。

①基础地理电子地图与卫星影像数据。

基础地理电子地图与卫星影像数据是 GIS 系统电子地图的基础背景。基础地理电子地图包括地形地貌、境界、水系、道路、居民地等基础地理信息，是以珠海市 1∶50 万比例尺地形图为基础数据，局部重点地区采用更大比例尺地形图，按国家标准地形图分幅数字化后拼接而成的。卫星影像数据以地面分辨率为 15 m

的 ETM 影像数据作为全市范围的基础数据,局部地区采用更高分辨率的卫星数据。

②评估项目专题空间信息。

评估项目专题空间信息是项目工作范围矢量地图数据,是构成整个系统电子地图的核心业务图层。图层的地理要素由各城市更新项目拐点坐标生成的多边形矢量数据构成。图层要素涵盖珠海市全部的立项、进行中和已完成的评估项目。不同类型的项目(立项、进行中和已完成)以不同的色斑方式显示,项目地图属性与项目信息卡通过 ID 进行关联,基于此可以实现属性信息的动态更新。地图边界以实际珠海市行政区域划分为依据。

③文档库建设。

文档库存储的是供各评估项目的主要附图和项目文档以及系统评估分析后导出的结果数据,为尽可能节省图像文件的占用空间,确定图像文件为.JPG 或.PDF格式,文档文件为.doc、.Excel 或.PDF 格式。对项目资料中有主要附图图像文件的,可通过复制获得,无图像文件的可通过扫描纸介质图件获得。将所有图像文件转换为.JPG 文件格式后,存入服务文档库中。

④系统配置库。

系统配置库主要存储的是系统运行、管理所需的配置信息,包括用户表、角色表、功能权限表等,系统配置表如表 4 - 4 所示,数据表之间的关系如图 4 - 13 所示。

表 4 - 4 系统配置表

序号	中文表名	英文表名	功能说明
1	角色信息表	POPEDOM_ROLE	权限表,记录角色相关信息
2	用户信息表	POPEDOM_USER	记录用户相关信息
3	用户角色表	POPEDOM_USER_ROLE	记录用户含有哪些角色
4	角色功能权限表	POPEDOM_ROLE_POPEDOM	记录角色含有哪些功能权限
5	角色数据权限表	POPEDOM_ROLE_DATA	记录角色含有哪些数据权限
6	角色资料权限表	GEO3D_DOCUMENTDATUMPOPEDOM	角色资料管理权限

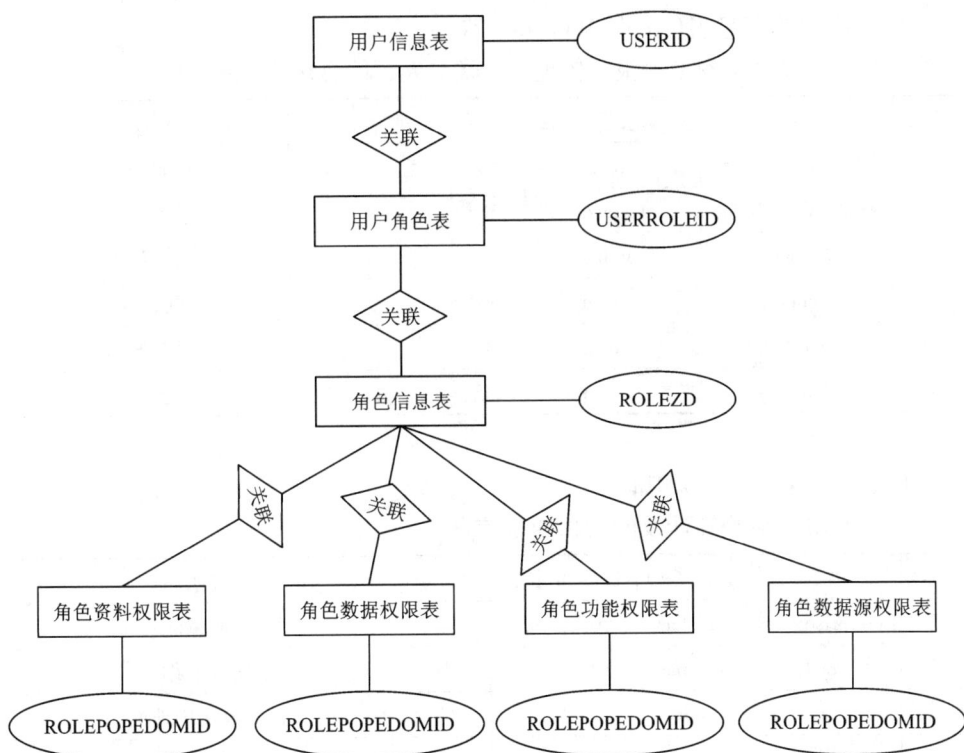

图 4 – 13　系统配置属性 E – R 图

以"烂尾楼"更新改造项目为例，数据库表设计包括：项目基本信息表、申报主体信息表、面积变量表、前期费用表、建筑安装费用表、装修费用表、参与测算相关费率表、开发价值表、经济评估指标表、文档资料表、工作区范围表。这里列举了部分数据库表设计。

A. 项目基本信息表(Proj Base Info Tbl)。

存储项目名称、项目类型、项目编号等项目基本信息。

序号	列名	数据类型	长度	主键	允许空	说明
1	Proj Id	varchar	50	是	否	项目编码
2	Proj Name	varchar	50		是	项目名称
3	Pts Coord	varchar	255		是	工作区坐标
4	Proj Type	varchar	4		是	坐标类型
5	Location	varchar	250		是	项目位置
6	Start Time	datetime			是	项目开始时间
7	Prj State	varchar	50		是	项目状态

B. 申报主体信息表（Apply Main Info Tbl）。

存储申报主体名称、申报主体地址、联系人、联系方式等基本信息。

序号	列名	数据类型	长度	主键	允许空	说明
1	Enterprise Code	varchar	50	是	否	企业编码
2	Apply Main Name	varchar	50		是	申报主体名称
3	Representative	varchar	50		是	法人代表
4	Contact	varchar	50		是	联系人
5	Contact Number	varchar	20		是	联系电话
6	Remarks	varchar	255		是	备注

C. 面积变量表（Area Tbl）。

存储经济评估测算涉及的面积变量信息。

序号	列名	数据类型	长度	主键	允许空	说明
1	Enterprise Code	varchar	50	是	否	企业编码
2	Proj Id	varchar	50	是	否	项目名称
3	A	double			是	项目原权属用地面积
4	E	double			是	"补公"面积
5	Q	double			是	公共服务设施等其他建筑面积
6	H	double			是	项目可建设用地（扣除"补公"）面积
7	J	double			是	现有物业合法认定面积
…	…	…	…	…	…	…

D. 前期费用表（Ely Fee Tbl）。

存储经济评估测算涉及的前期费用信息。

序号	列名	数据类型	长度	主键	允许空	说明
1	Enterprise Code	varchar	50	是	否	企业编码
2	Proj Id	varchar	50	是	否	项目名称
3	B_1	double			是	土地成本
4	B_2	double			是	建筑物拆除成本
5	B_3	double			是	货币补偿成本
6	B_4	double			是	更新涉及的其他前期费用

E. 建筑安装费用表(Ins Fee Tbl)。

存储经济评估测算涉及的建筑安装费用信息。

序号	列名	数据类型	长度	主键	允许空	说明
1	Enterprise Code	varchar	50	是	否	企业编码
2	Proj Id	varchar	50	是	否	项目名称
3	C_1	double			是	回迁商业物业建筑安装工程费
4	C_2	double			是	销售商业物业建筑安装工程费
5	C_3	double			是	回迁办公物业建筑安装工程费
6	C_4	double			是	销售办公物业建筑安装工程费
…	…	…	…	…	…	…

F. 装修费用表(Dec Fee Tbl)。

存储经济评估测算涉及的装修费用信息。

序号	列名	数据类型	长度	主键	允许空	说明
1	Enterprise Code	varchar	50	是	否	企业编码
2	Proj Id	varchar	50	是	否	项目名称
3	D_1	double			是	回迁商业物业装修费用
4	D_2	double			是	销售商业物业装修费用
5	D_3	double			是	回迁办公物业装修费用
6	D_4	double			是	销售办公物业装修费用
…	…	…	…	…	…	…

G. 相关费率表(Dev Fee Tbl)。

存储经济评估测算中参与测算的相关费率信息。

序号	列名	数据类型	长度	主键	允许空	说明
1	Enterprise Code	varchar	50	是	否	企业编码
2	Proj Id	varchar	50	是	否	项目名称
3	G	double			是	项目开发管理费
4	M1	double			是	销售费率
5	M2	double			是	销售税率
6	L	double			是	利率
7	N	double			是	开发周期

H. 经济指标表（Eco Val Tbl）。

存储经济评估测算得出的指标信息。

序号	列名	数据类型	长度	主键	允许空	说明
1	Enterprise Code	varchar	50	是	否	企业编码
2	Proj Id	varchar	50	是	否	项目名称
3	I	double			是	预测开发完成后的房地产总价值
4	T	double			是	估算更新总成本
5	U	double			是	销售税费
6	Z	double			是	项目利润
7	R	double			是	成本利润率

I. 文档资料表（Eco Val Tbl）。

存储申报主体提交的文档资料信息。

序号	列名	数据类型	长度	主键	允许空	说明
1	Enterprise Code	varchar	50	是	否	企业编码
2	Proj Id	varchar	50	是	否	项目名称
3	Doc Name	varchar			是	文档名称
4	Doc Type	varchar			是	文档类型
5	Remark	varchar			是	备注
6	Docu Data	varchar			是	文档数据

J. 工作区图形表（Workarea Tbl）。

存储更新改造项目的工作区信息。

序号	列名	数据类型	长度	主键	允许空	说明
1	Enterprise Code	varchar	50	是	否	企业编码
2	ProjId	varchar	50	是	否	项目名称
3	Shape	geometry			是	工作区几何图形

2.物理结构设计

项目投资评估系统的数据结构分为四个部分：输入数据、生成数据、输出数据、基础数据。根据城市更新经济评估系统在物理上的分布部署情况，以及项目评估数据在系统中的存储方式，经济评估项目数据库的物理结构如图 4 - 14 所示。

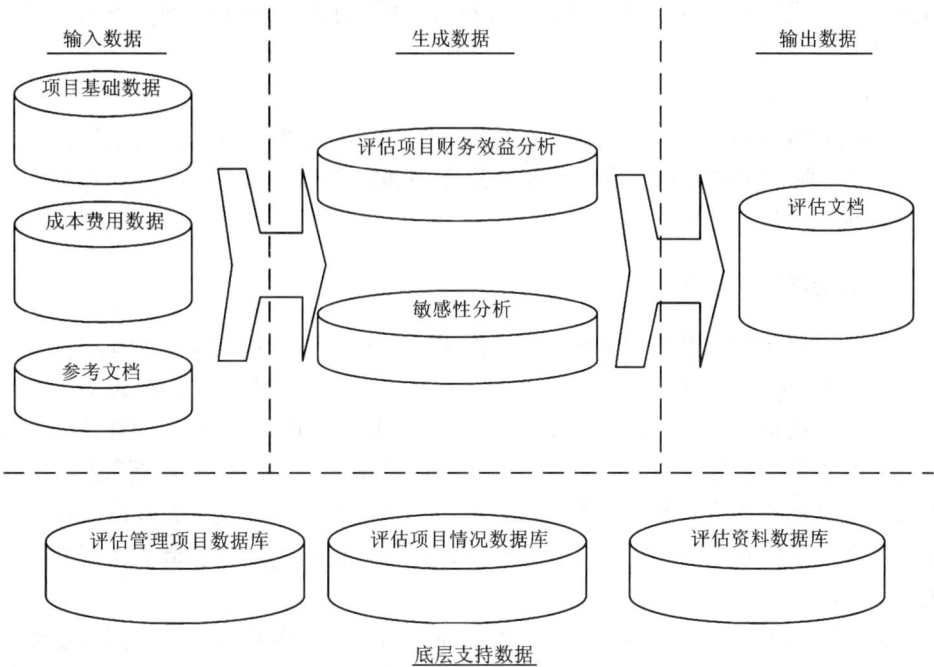

图 4 - 14　经济评估项目数据库物理结构图

外界的各种相关资产数据汇总到评估项目管理数据库，再提交给被评估项目情况数据库，经过评估项目的财务效益分析和评估项目风险分析，生成的数据将被送到评估资料数据库，套用到预定的文档，形成评估文档。

（1）输入数据组织。

包括项目开发完成后的销售价格、融资开发规模、项目用地面积、产权认定面积、安置补偿费用等项目改造涉及的所有变量。项目投资单位部署的软件是项目申请子系统。在终端上，项目评估所需数据采用 Excel 来进行存储和管理，以满足经济评估模型的指标和格式要求。输入数据作为评估项目信息管理数据库存储。

（2）生成数据组织。

项目评估单位获取项目投资人提交的 Excel 数据后，利用经济评估模型应用分析子系统处理、分析数据。项目评估实施过程中生成的数据，包括项目财务效益指标分析数据、敏感性分析数据、盈亏平衡点数据等。生成数据作为评估过程数据库组织，评估过程数据库采用 Microsoft SQL Server 关系型商用数据库作为数据库管理系统。

（3）输出数据组织。

项目评估分析结束后输出的数据，包括评估结果报告、评估建议书等。文档数据作为二进制数据统一存储到评估资料数据库，采用 Microsoft SQL Server 作为数据库管理系统。

（4）基础数据组织。

基础数据包括附图文档数据、系统配置信息、项目所在位置的图形影像数据等。其中，附图文档数据、系统配置信息作为属性数据存储，图形影像数据作为地理数据库存储。

3. 数据库更新方案

数据是应用信息系统的血液，数据的采集和建库是繁重的技术劳动，因此必须重视，并需投入大量的人力、物力和财力来完成此项工作。这是决定应用系统投资成败的关键，也是困扰应用发展的"瓶颈"问题。目前多数单位只注重数据库的建立，却忽视了数据的动态更新。一个好的系统必须实时反映最新数据，如果系统的数据始终不变，那么这个系统就是一个不能反映现状的、失败的系统。因此，要做好充分的准备，投入一定的人力物力进行数据的动态更新，实现数据库的现势性。

随着项目的开展和时间的推移，数据库的内容会不断地增长，数据库的结构也会不断地进行变化，因此需要一套机制，实现对经济评估综合数据库的更新维护。更新的内容主要包括：

（1）新格式的数据入库与维护。

经济评估测算指标变量的种类很多，而且随着新的测算方法的使用，会产生新种类的测算变量。因此，系统应提供经济评估数据库的扩展机制。

（2）新的经济评估项目数据的入库与维护。

经济评估数据的增长包括横向增长、纵向增长两种模式。如进行中或已完成的评估项目的数据增长属于横向增长，新增加的经济评估项目属于纵向增长。

通过经济评估数据的增量更新算法可以实现数据库的准实时更新机制。数据库增量更新的主要思路如下：

①开发增量数据库数据导入工具，将增量的数据导入到增量数据库中进行存储；增量数据库的结构与评估项目管理数据库的结构可以不完全一致。不同的时间段会有不同的增量数据库，增量数据库之间可能存在一定的重复度。

②将增量数据库中的数据导入到评估项目管理数据库中，系统需要开发一种数据导入算法工具，实现增量数据库一对一、一对多和多对多的数据表的数据导入模式，并建立一种能够组合出任意复杂 SQL 的机制，将数据库任意一个参数数据的访问控制细化到记录级，并在此基础上能够对记录中的字段进行裁剪，使配

置好的数据操作流程可以保存为一个独立的方案。

③ 实现导入工具的重复数据处理工具，对重复的数据能够进行唯一性处理。

4.4.7　申报系统功能设计

1. 系统介绍

城市更新项目及"烂尾楼"处理项目经济评估申报系统是由规划设计研究院自主开发、独立完成的一个基于.net 的经济评估申报系统，该系统主要用于规范城市更新项目及"烂尾楼"处理项目经济评估报告的编制、审查工作，为企业申报人员提供了一个集填报、检查、查询、报送等功能为一体的申报系统，并集成了除旧村改造以外的所有城市更新类型的经济评估指标标准体系，有助于企业以统一的格式和标准将经济评估报告传递到受理部门进行审查、审批，如图 4 – 15 所示。系统完成了 10 项项目申报、数据检查、数据导出等工具的开发，实现了经济评估申报工作的自动化、规范化。

城市更新项目及"烂尾楼"处理项目经济评估申报系统为规划决策支撑和城市更新信用信息管理提供了决策平台和依据，将充分发挥其在城市更新、控制建设用地容积率和促进产业转型升级中的抓手作用，进一步提升土地对新型城镇化发展、乡村振兴、生态文明建设的支撑保障作用。

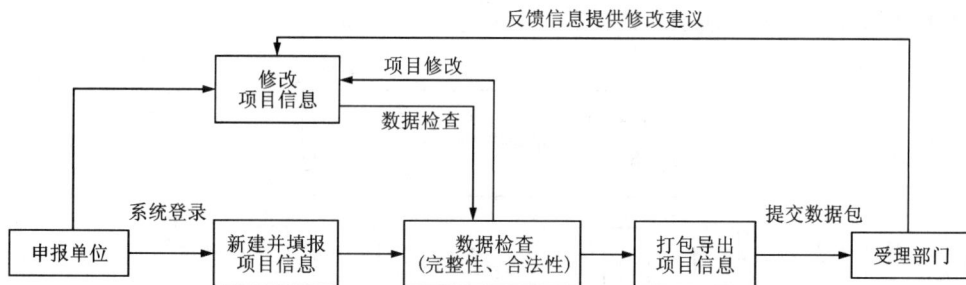

图 4 – 15　城市更新项目申报系统操作指引

城市更新项目及"烂尾楼"处理项目经济评估申报系统是辅助城市更新项目或"烂尾楼"处理项目开展经济评估审查的信息化系统，由申报单位进行登录并按照一定的规则填报生成城市更新项目或"烂尾楼"处理项目经济评估报告电子压缩包，申报单位在向各区城市更新行政主管部门（以下简称"区级城市更新部门"）申报城市更新项目更新单元规划时，须同时申报项目经济评估报告，操作指引如图 4 – 15 所示。

2. 运行环境

系统可以在 Win XP 以上操作系统上稳定运行，对计算机硬件无特别需求，在当前主流计算机上均可正常运行，所需硬件配置见下表 4 - 5。

表 4 - 5　服务器运行所需硬件配置

计算机 硬件配置	建议配置	CPU：主频 3.0 GHz 以上
		内存：2 G
		硬盘空间：10 G 以上
		操作系统：Windows XP 及以上版本
		显卡与显示器：支持 1024 * 768 像素
支持设备	打印输出	Window 所支持的打印设备，包括常规激光打印机、喷墨打印机、绘图仪等
	信息输出	ZIP、TXT、PDF 等格式数据

3. 系统功能设计

本申报系统主要实现了系统登录、新建项目、项目修改、项目删除、项目检查和数据导出六个模块功能，如图 4 - 16 所示。

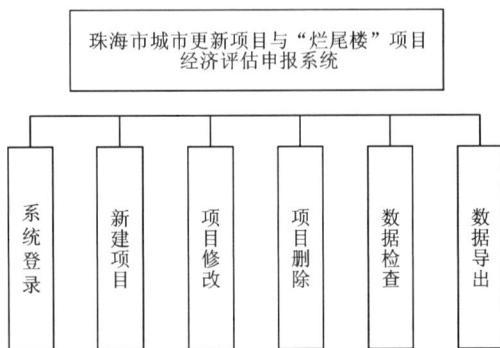

图 4 - 16　经济评估申报系统设计框架

（1）系统登录。

该部分控制了相应的人员操作，仅配置权限给相关申报企业，保障了系统的安全性和隐秘性，登录界面见图 4 - 17。

图 4 – 17　申报系统登录界面

（2）新建项目。

该模块针对拟申报城市更新项目及"烂尾楼"处理项目提供了标准化的经济评估报告填报，主要包括项目类型等基本信息、申报单位信息、经济评估报告编制单位信息、经济成本评估指标变量和经济效益评估指标变量等，如表 4 – 18、4 – 19 所示。

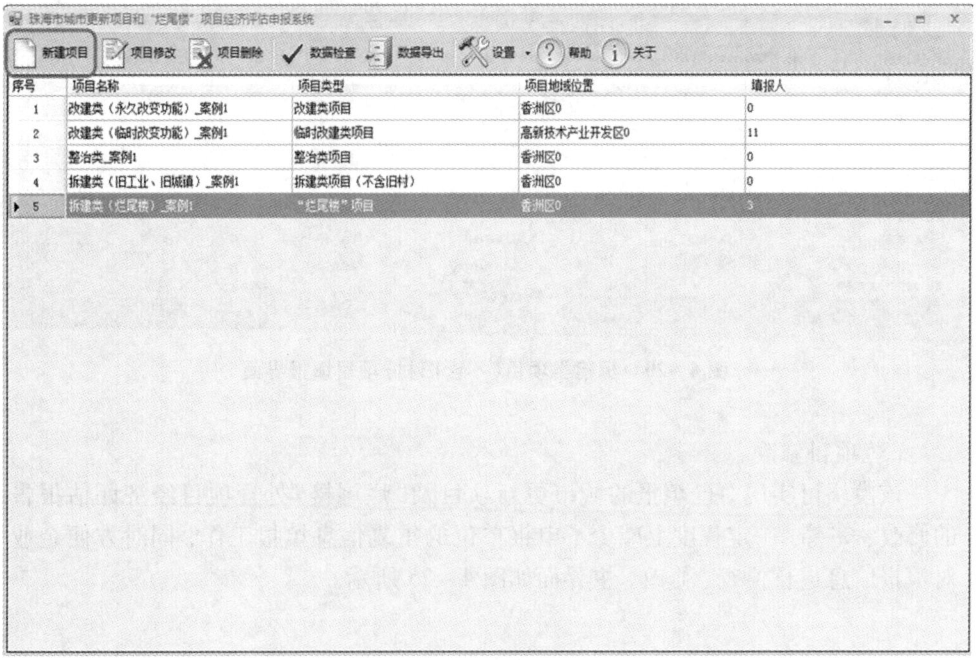

图 4 – 18　新建项目

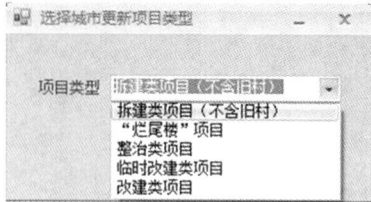

图4-19 选择新建项目类别

图4-20到图4-24分别表示拆建类项目(不含旧村)、"烂尾楼"项目、整治类项目、临时改建类项目和永久改建类项目的填报界面。

图4-20 拆建类项目(不含旧村)项目填报界面

(3)项目修改。

该模块可实现对已填报的城市更新项目及"烂尾楼"处理项目经济评估报告的修改、完善,一定程度上减少了申报单位的重复信息填报工作,同时方便企业对填报信息进行检查、修改,主界面如图4-25所示。

（4）项目删除。

该模块可实现对已填报的城市更新项目及"烂尾楼"处理项目经济评估报告的删除处理如图4-26所示。

（5）数据检查。

该模块能够对已填报的城市更新项目及"烂尾楼"整治处理项目经济评估报告的完整性、合法性进行检查，其中完整性表示指标填报的完整性（标注有小红星标＊为必填）情况，合法性则是对经济评估报告中的指标值是否超过建议范围进行指示，具体情况如图4-27~图4-30所示。

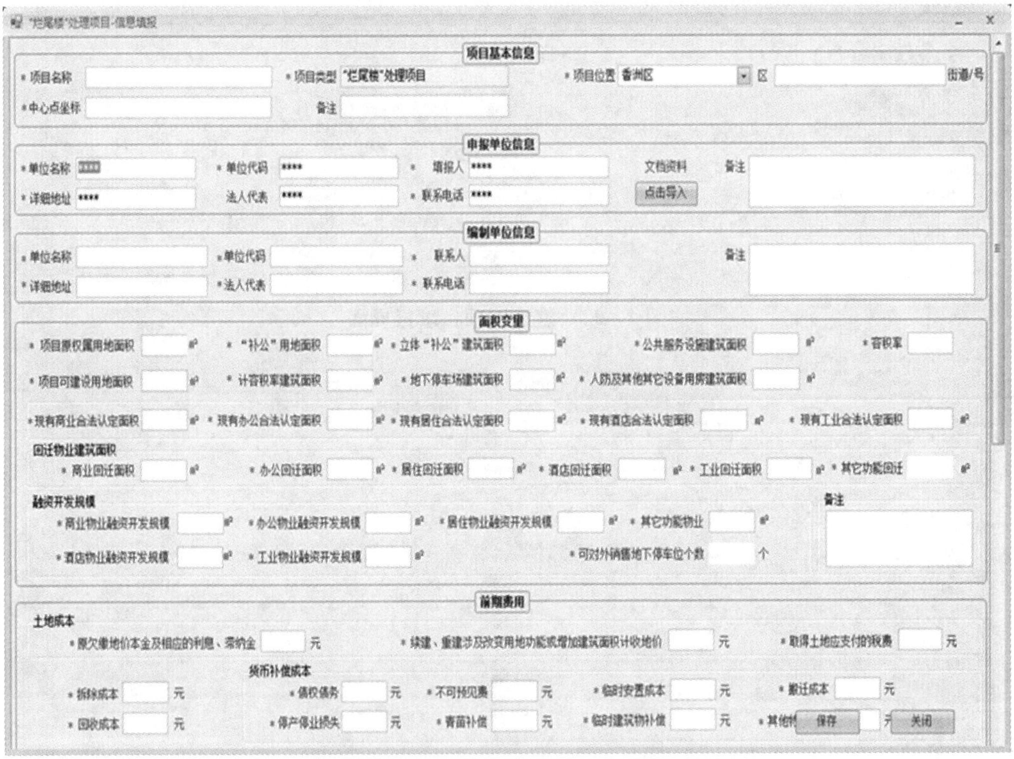

图4-21　"烂尾楼"项目填报界面

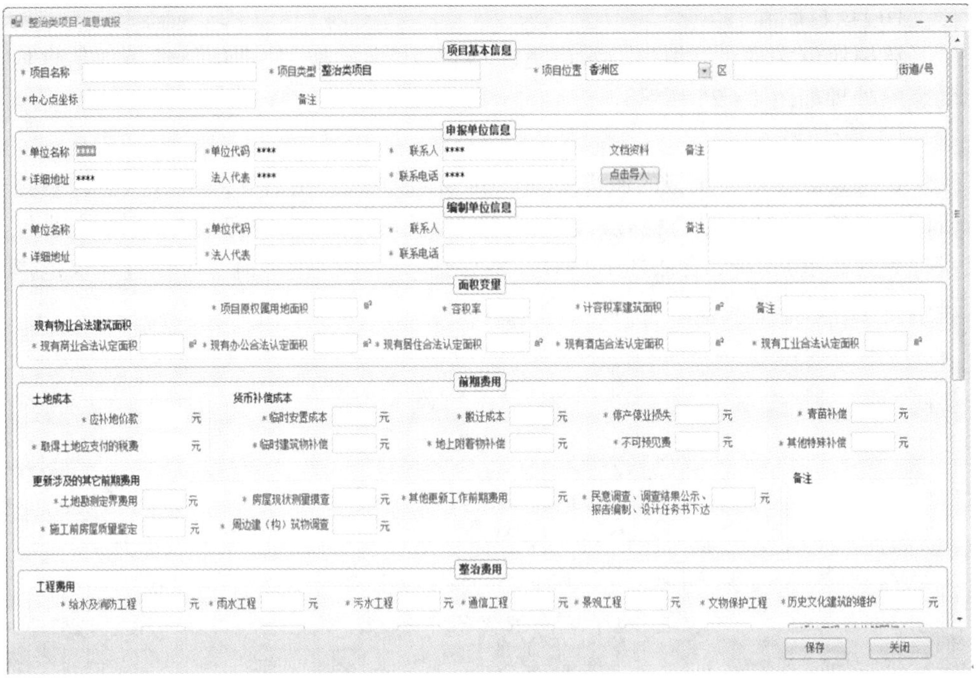

图 4－22　整治类项目填报界面

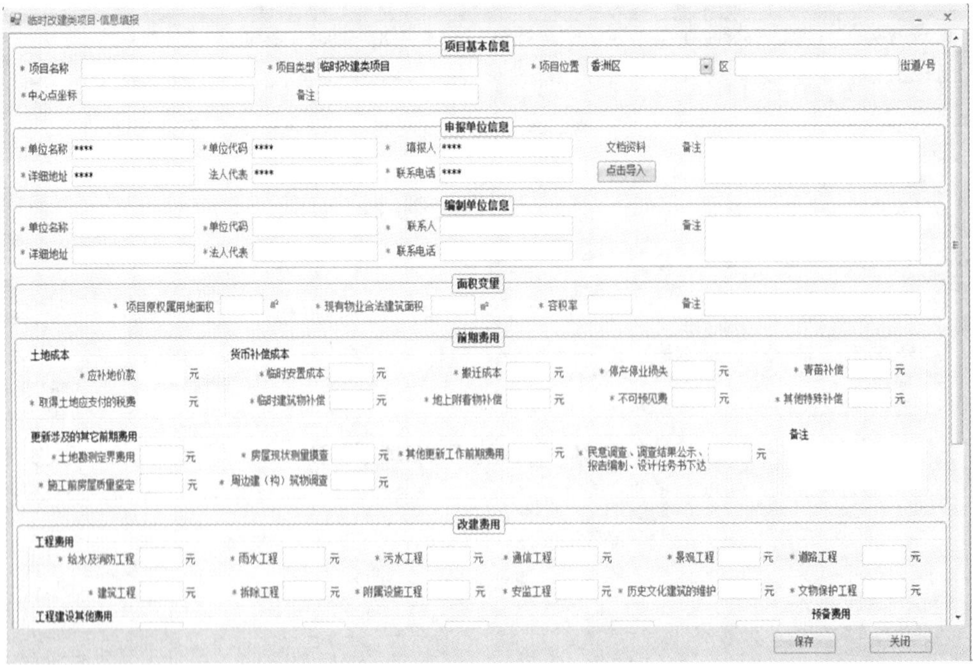

图 4－23　临时改建类项目填报界面

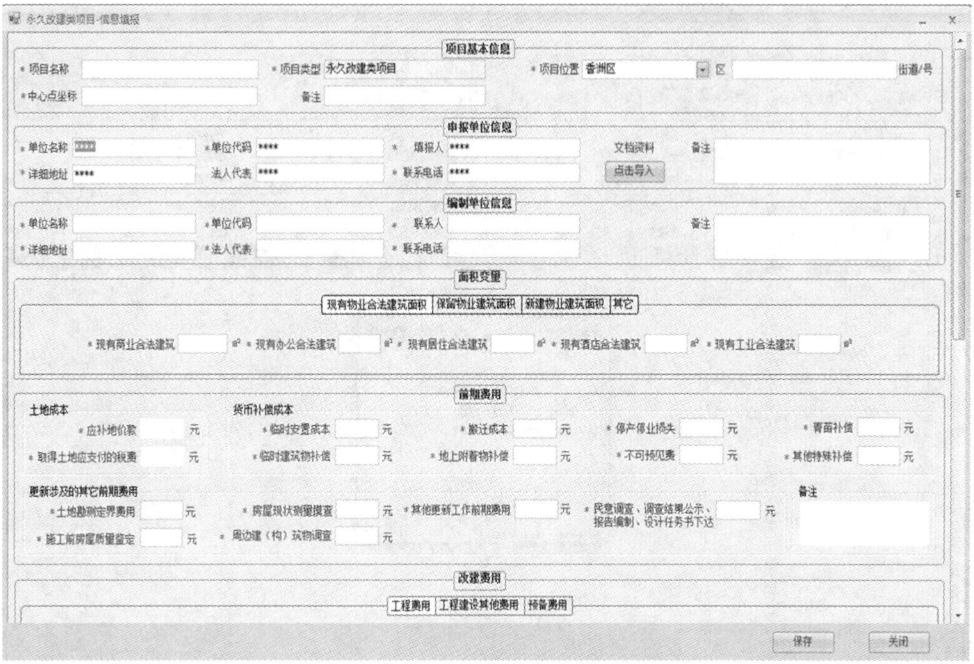

图 4 - 24　永久改建类填报界面

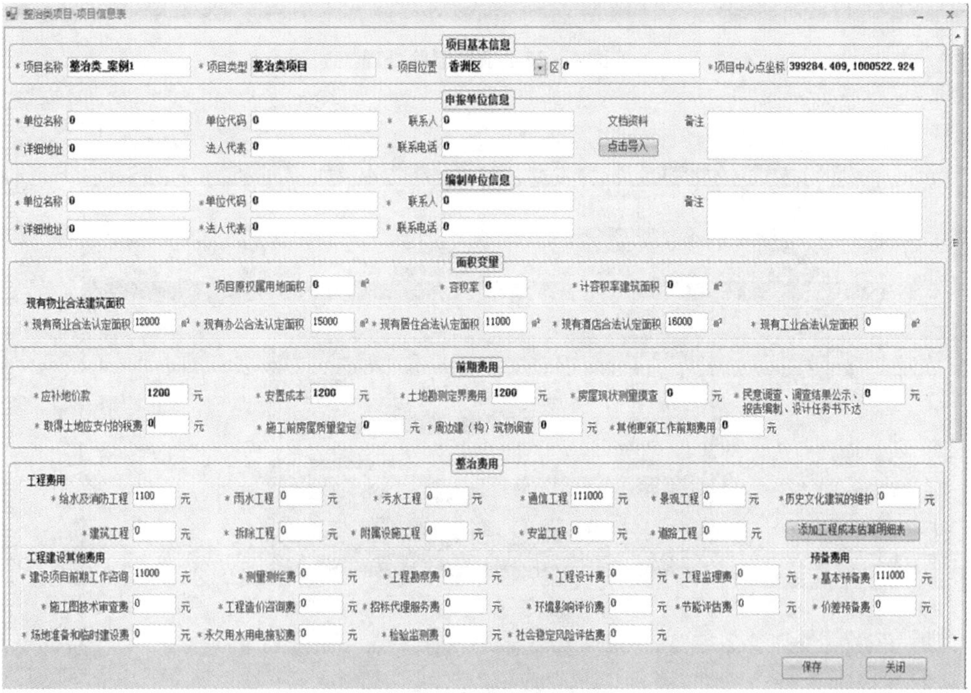

图 4 - 25 项目修改主界面

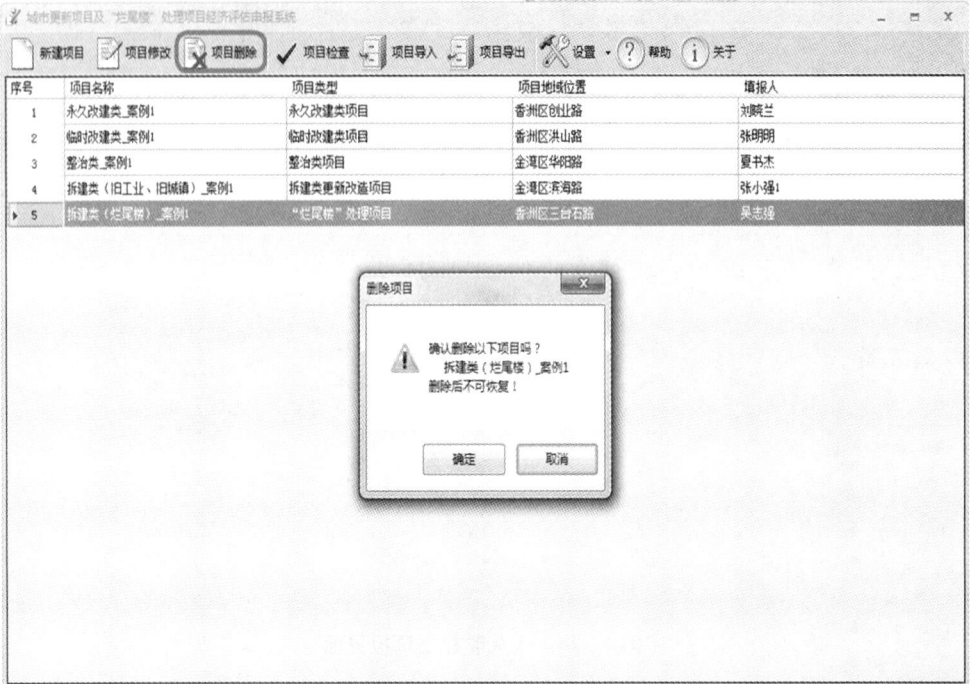

图 4 – 26　项目删除处理

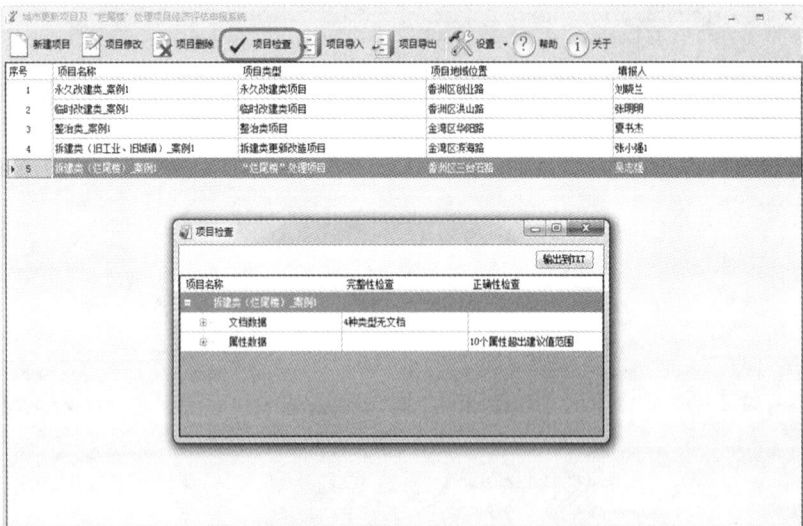

图 4 – 27　数据检查界面

图 4 – 28　数据检查结果

（6）数据导出。

该模块可实现已填报的城市更新项目及"烂尾楼"整治处理项目经济评估报告电子压缩包的导出，具体路径为软件安装目录下的"打包目录"文件夹，如：…\Program Files（x86）\城市更新经济评估申报系统\打包目录，见图4 – 31。

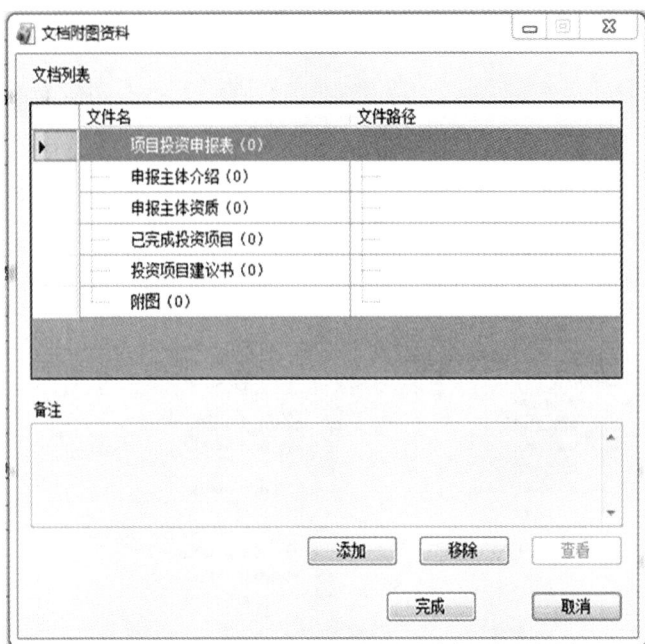

图 4 – 29 文档资料导入界面

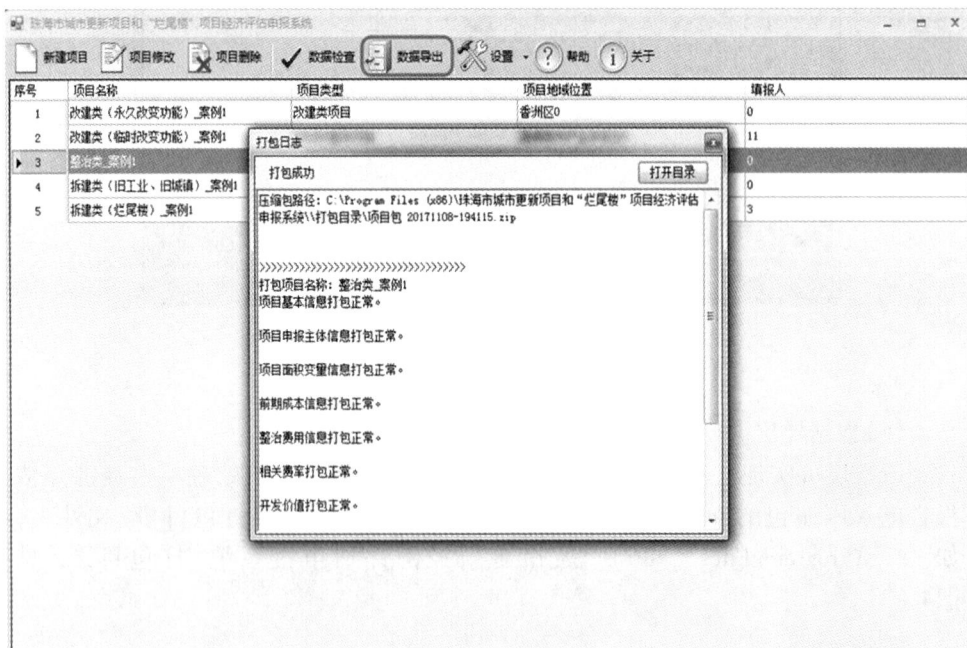

图 4 – 30 项目包打包导出

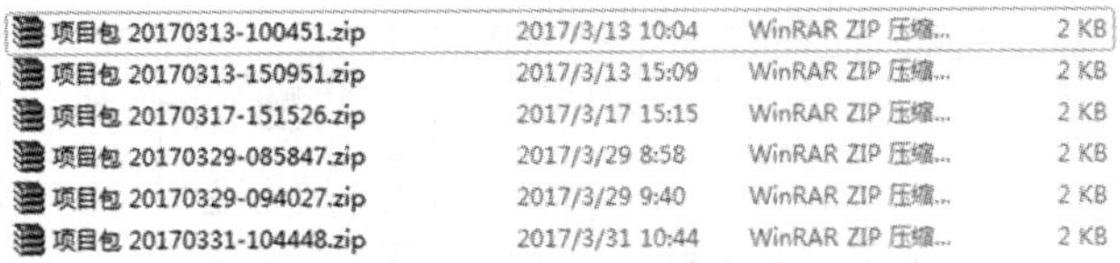

项目包 20170313-100451.zip	2017/3/13 10:04	WinRAR ZIP 压缩...	2 KB
项目包 20170313-150951.zip	2017/3/13 15:09	WinRAR ZIP 压缩...	2 KB
项目包 20170317-151526.zip	2017/3/17 15:15	WinRAR ZIP 压缩...	2 KB
项目包 20170329-085847.zip	2017/3/29 8:58	WinRAR ZIP 压缩...	2 KB
项目包 20170329-094027.zip	2017/3/29 9:40	WinRAR ZIP 压缩...	2 KB
项目包 20170331-104448.zip	2017/3/31 10:44	WinRAR ZIP 压缩...	2 KB

图 4 – 31　数据导出——申报信息打包

4.4.8　管理系统功能设计

1. 系统介绍

城市更新项目及"烂尾楼"处理项目经济评估管理系统是由规划设计研究院自主开发、独立完成的一个基于. net 的经济评估管理系统，该系统基于研究建立的《城市更新项目及"烂尾楼"处理项目经济评估模型》搭建完成，主要针对整治类、改建类和拆建类（不含旧村）城市更新项目及"烂尾楼"处理项目实现经济评估数据的标准化导入与评估分析，并实现项目成果的数据库存储及管理，为城市更新项目及"烂尾楼"处理项目经济评估工作的定量化分析及规划决策应用提供理论和技术支撑，其操作指引如图 4 – 32 所示。系统包括项目数据管理、资料综合检索、地图管理、评估测算、对比统计分析、系统配置管理六个模块，集成了基于假设开发法的经济评估数字模型，并运用了基于一体化平台的城市更新全生命周期管理，属于规划管理类创新研究。

城市更新项目及"烂尾楼"处理项目经济评估管理系统主要面向城市更新行政主管部门，为规划决策支撑和城市更新信用信息管理提供决策平台和依据，能充分发挥其在城市更新、控制建设用地容积率和促进产业转型升级中的抓手作用，进一步提升土地对新型城镇化发展、乡村振兴、生态文明建设的支撑保障作用。城市更新项目及"烂尾楼"处理项目经济评估管理系统用于本市行政区域范围内城市更新项目与"烂尾楼"处理项目经济评估报告的编制和审查相关工作。各区（含横琴新区、各行政区、经济功能区）城市更新主管部门可根据该经济评估业务系统，对申请人委托具有经济评估相关资质机构编制的经济评估报告进行审查，操作指引如图 4 – 32 所示。

2. 运行环境

系统可以在 WinXP 以上操作系统上稳定运行，对计算机硬件无特别需求，在当前主流计算机上均可正常运行，所需硬件配置如表 4 – 6 所示。

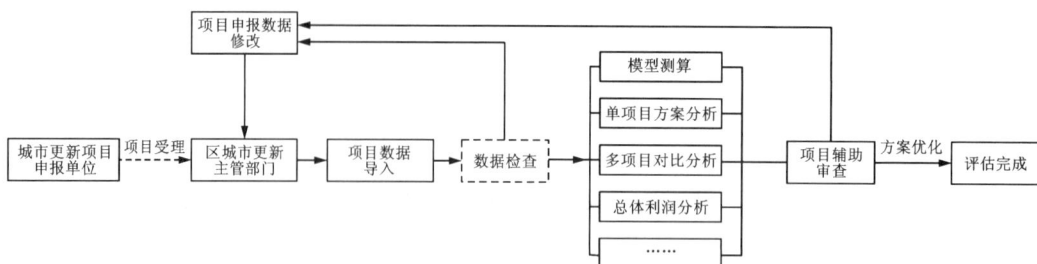

图 4 - 32　城市更新项目及"烂尾楼"处理项目经济评估管理系统操作指引

表 4 - 6　服务器运行所需硬件配置

计算机 硬件配置	建议配置	CPU：主频 3.0 GHz 以上
		内存：2 G
		硬盘空间：10 G 以上
		操作系统：Windows XP 及以上版本
		显卡与显示器：支持 1024 * 768 像素，推荐采用 16 位以上彩色显示模式
支持设备	打印输出	Window 所支持的打印设备，包括常规激光打印机、喷墨打印机、绘图仪等
	信息输出	MXD、XLS、ZIP、TXT、PDF 等格式数据

3. 系统功能设计

珠海市城市更新项目及"烂尾楼"处理项目经济评估管理系统主要包括 3 个功能区——目录树、菜单栏和统计图。其中，目录树包括项目树与图层树，菜单栏包含项目管理、地图管理、测算评估和系统配置四个功能菜单，统计图为申报中项目、已批复项目及已完成项目数量的实时统计（按功能区划分），设计框架如图 4 - 33 所示。

（1）目录树管理。

目录树管理可以实现图层树管理及项目树管理，图层树方便用户添加自定义图层数据（如控规数据、区界范围数据等）进行项目审查，并可实现图层的显示与隐藏；项目树可实现对项目数据的分类管理与检索，并可针对单个项目进行项目定位、项目信息修改、项目申报方案测算、项目方案报告导出、项目状态管理、项目删除、项目方案名称修改、项目方案指标修改及项目方案删除等操作。具体界面显示见图 4 – 34 ~ 图 4 – 39。

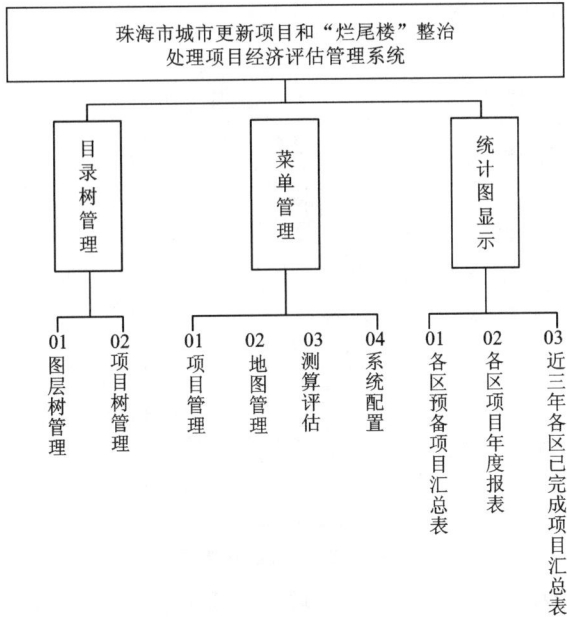

图 4 – 33　经济评估管理系统设计框架

图 4 – 34　管理系统

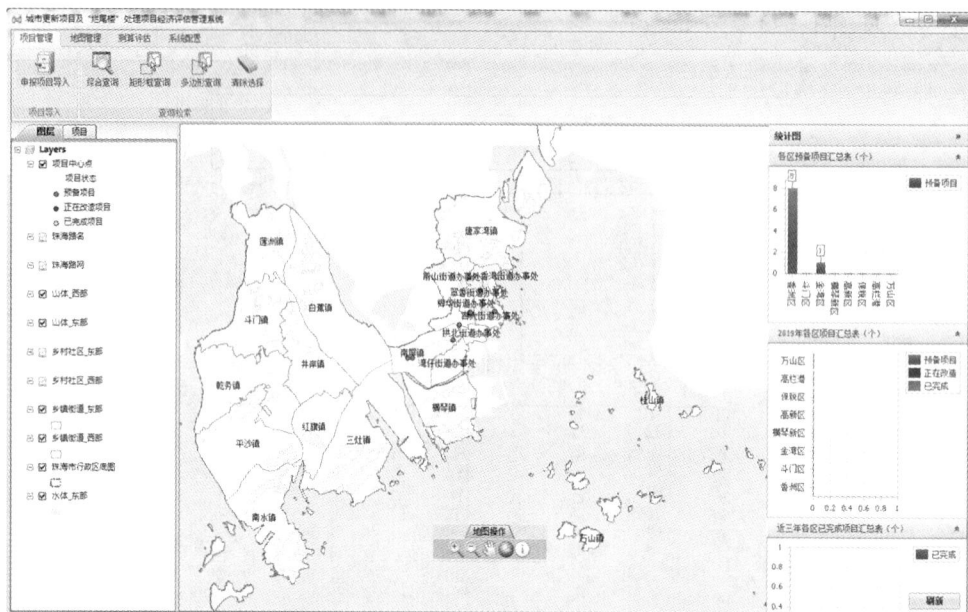

图 4 – 35　系统主界面

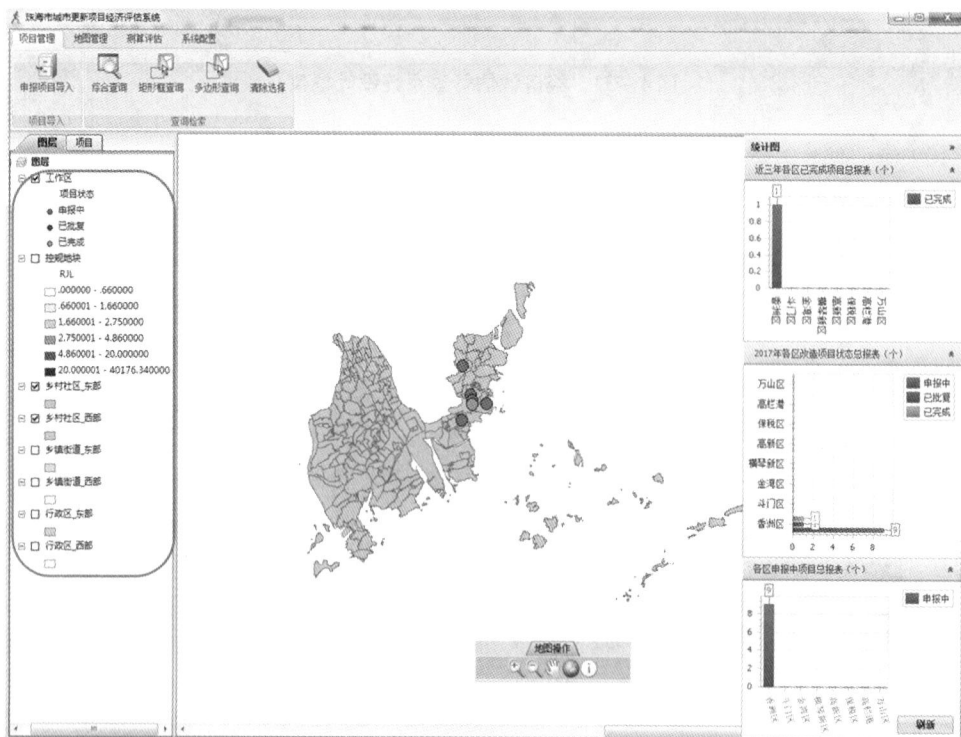

图 4 – 36　图层树管理

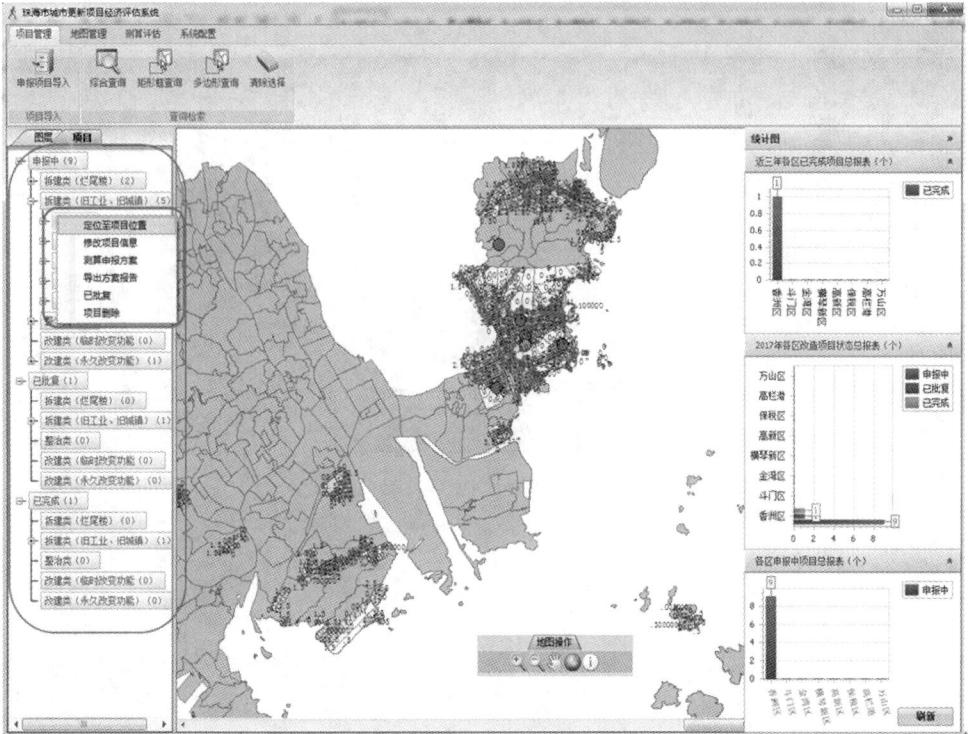

图 4 – 37　项目树管理

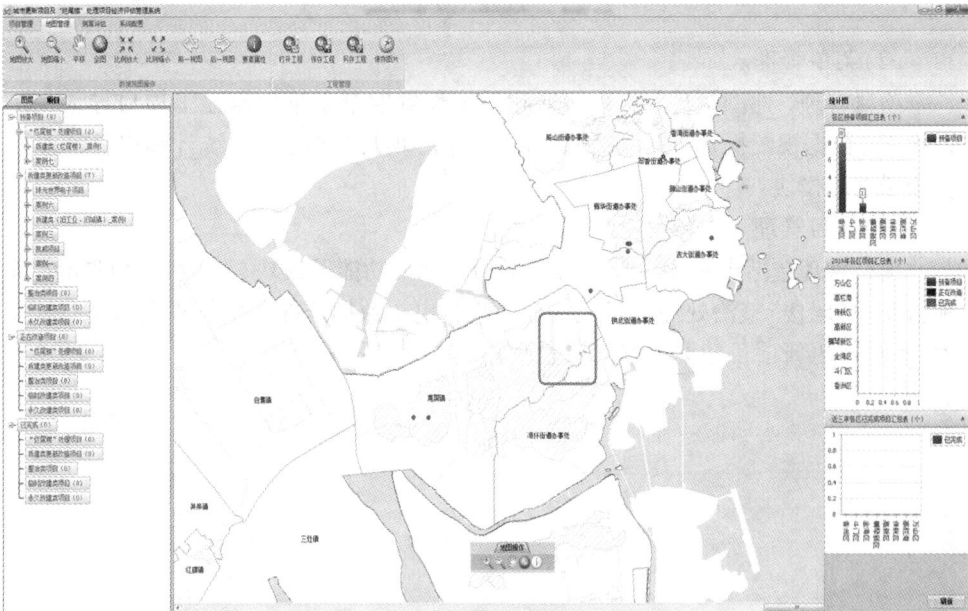

图 4 – 38　定位项目地理位置并显示

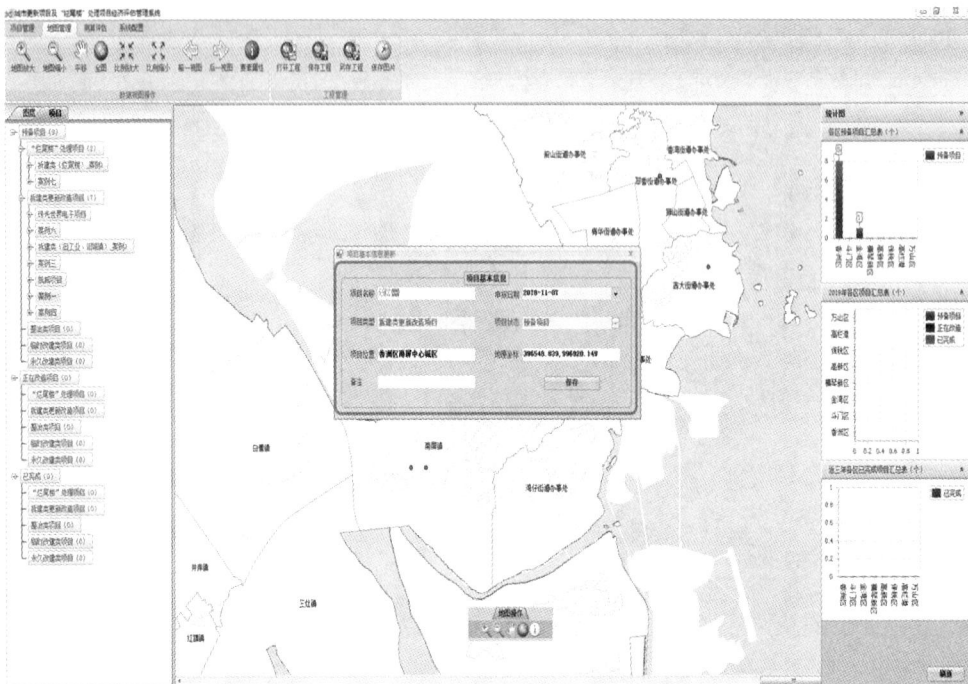

图 4 - 39　项目信息修改 - 基本信息输入

（2）菜单管理。

项目管理、地图管理、测算评估和系统配置四个主菜单涵盖了项目导入、查询检索、数据视图操作、工程管理、项目测算、项目分析、项目统计和权限管理等多个子功能模块。

（3）项目管理。

项目管理包括申报项目导入及查询检索两个功能子模块，主要实现城市更新项目及"烂尾楼"整治处理项目经济评估报告电子数据压缩包的标准化导入（即入库）和城市更新项目数据的查询检索服务，如图 4 - 40 所示。

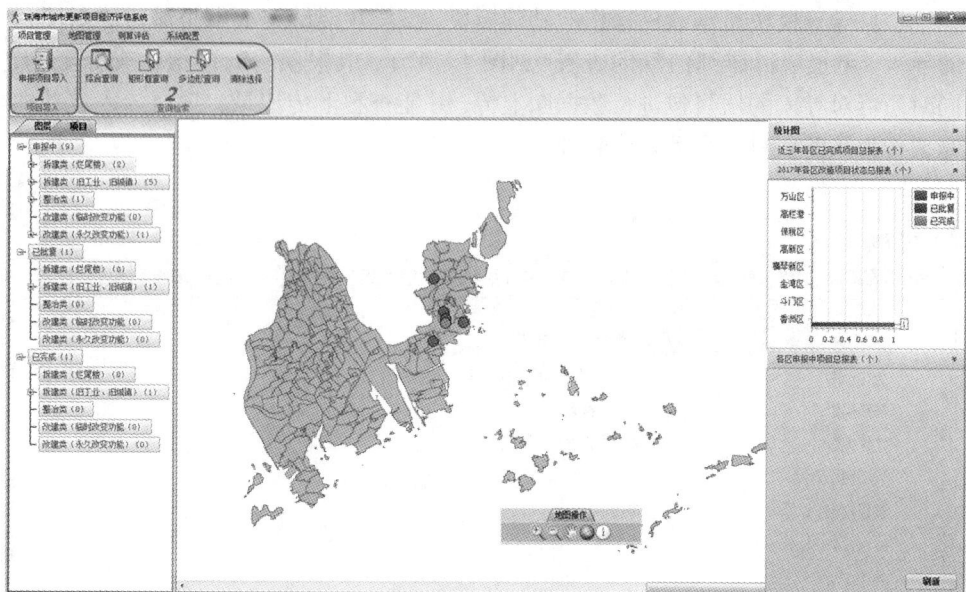

图 4 - 40　项目管理

①项目导入。

该模块主要提供便捷化的城市更新项目及"烂尾楼"整治处理项目经济评估报告电子压缩包的标准化导入（即入库），为后续城市更新项目及"烂尾楼"整治处理项目经济评估报告的审查及分析提供数据入口，项目导入界面见图 4 - 41。

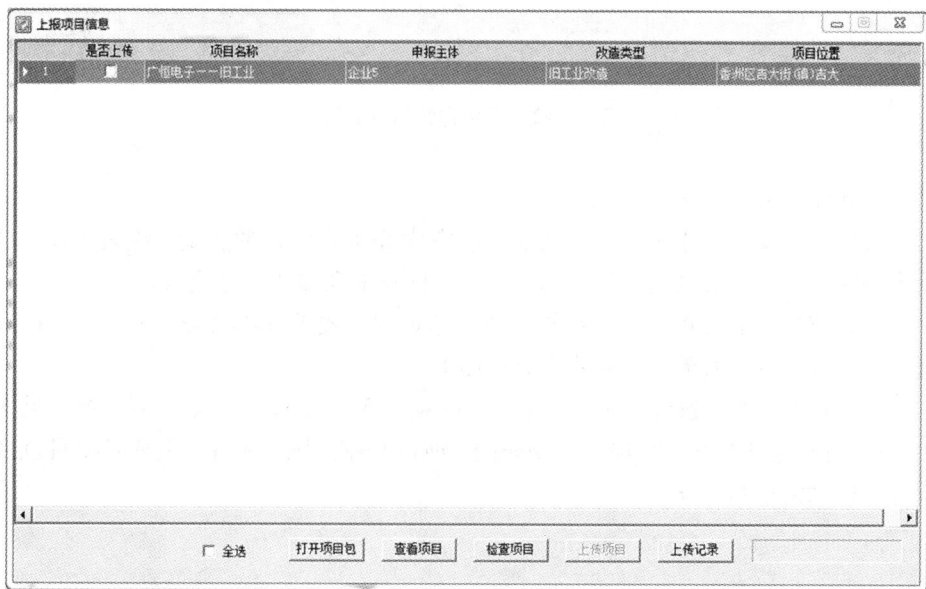

图 4 - 41　城市更新项目的电子数据压缩包导入成功界面

项目导入模块是本软件操作的基础模块，该模块能够完成申报城市更新项目的导入、申报项目详细信息的查看（见图4－42）、申报项目的数据检查等工作，同时还可对导入的项目包进行数据库上传，并能查看上传记录。项目导入成功即完成作为预备项目的自动入库管理。

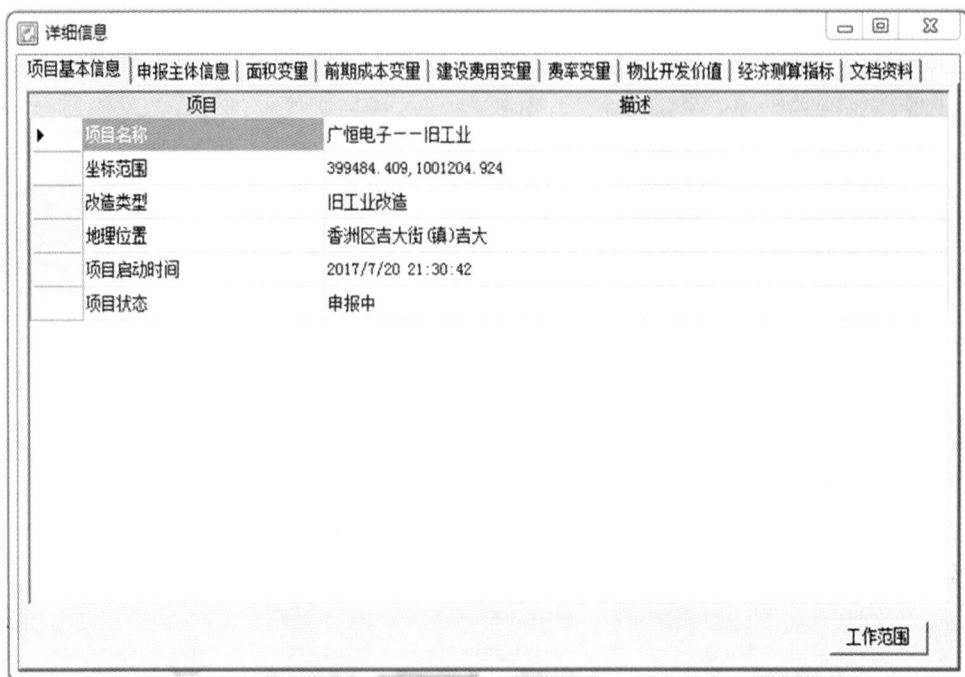

图4－42　项目详细信息查看

②查询检索。

该模块可实现对申报中、已批复及已完成等所有项目的查询、检索工作，具体支持的查询检索方式包括综合检索、矩形框查询和多边形查询等。

在系统主界面菜单栏直接根据需要点选查询方式进行项目查询检索，并可对项目信息进行浏览查看，具体使用流程如下。

综合检索：点击选择"综合检索"（见图4－43）后，即进入如下对话框，见图4－44。可根据项目名称、项目启动时间、项目所在区域、项目类型或者项目进度等进行精确的项目检索。

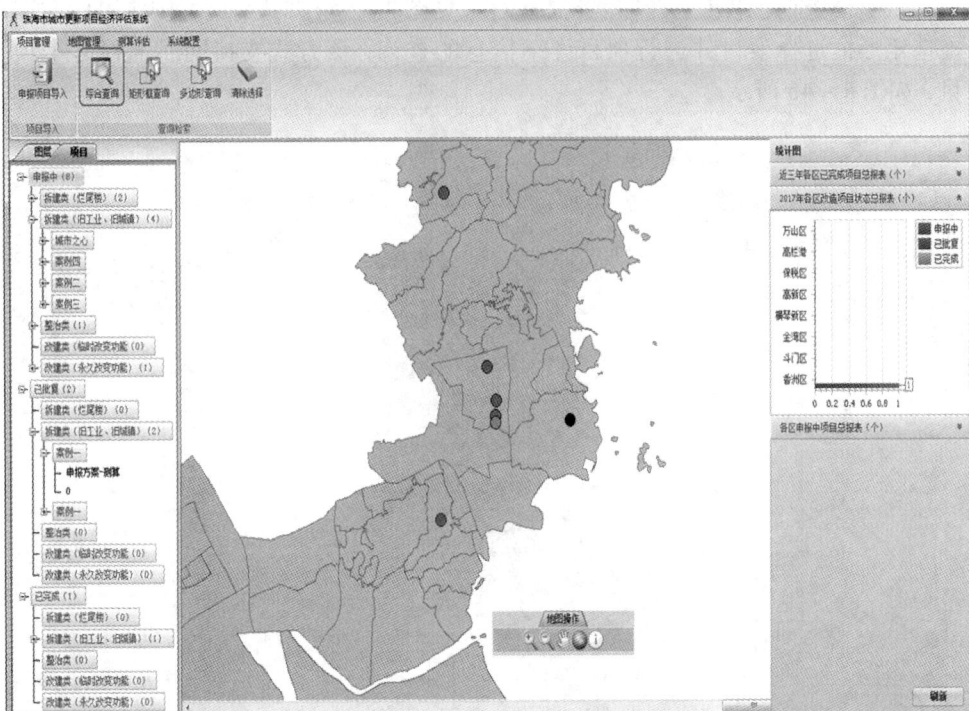

图 4 – 43 综合查询

图 4 – 44 综合查询结果界面

矩形框查询：点击选择"矩形框查询"（见图4-45）方式后，可按住鼠标左键拖选矩形框选择项目并进行项目详细信息的查询，该方式支持同时选择多个项目，如图4-46所示。

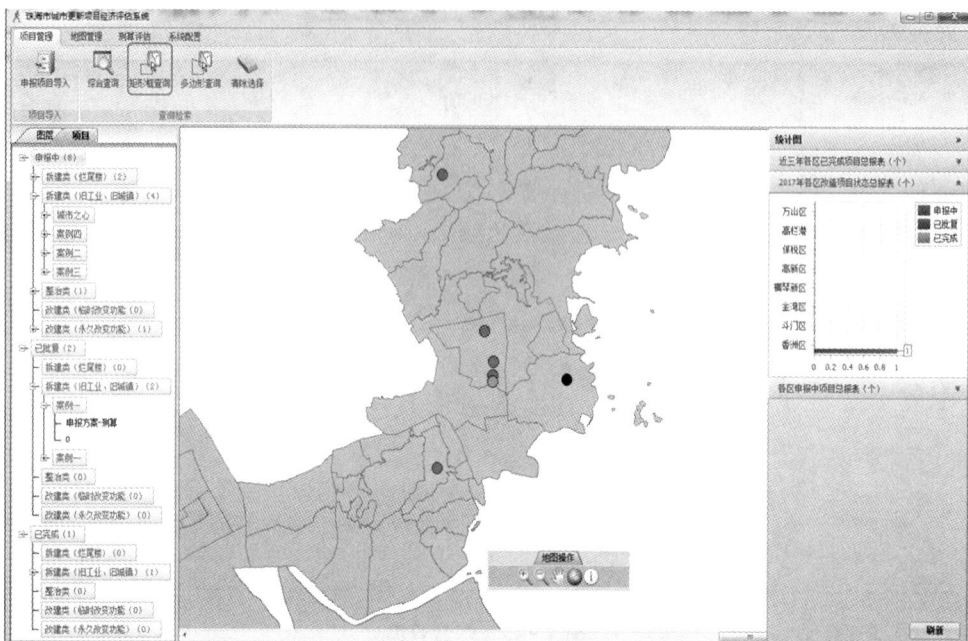

图4-45　矩形框查询

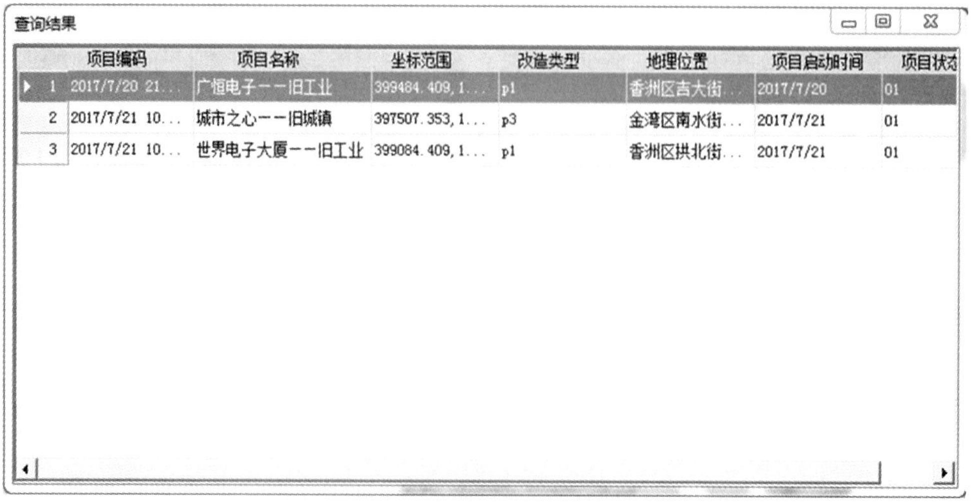

图4-46　矩形框查询结果界面

多边形查询：点击选择"多边形查询"（见图 4-47）方式后，可通过鼠标左键选点建立多边形选择项目并进行项目详细信息的查询，该方式支持同时选择多个项目，如图 4-48 所示。

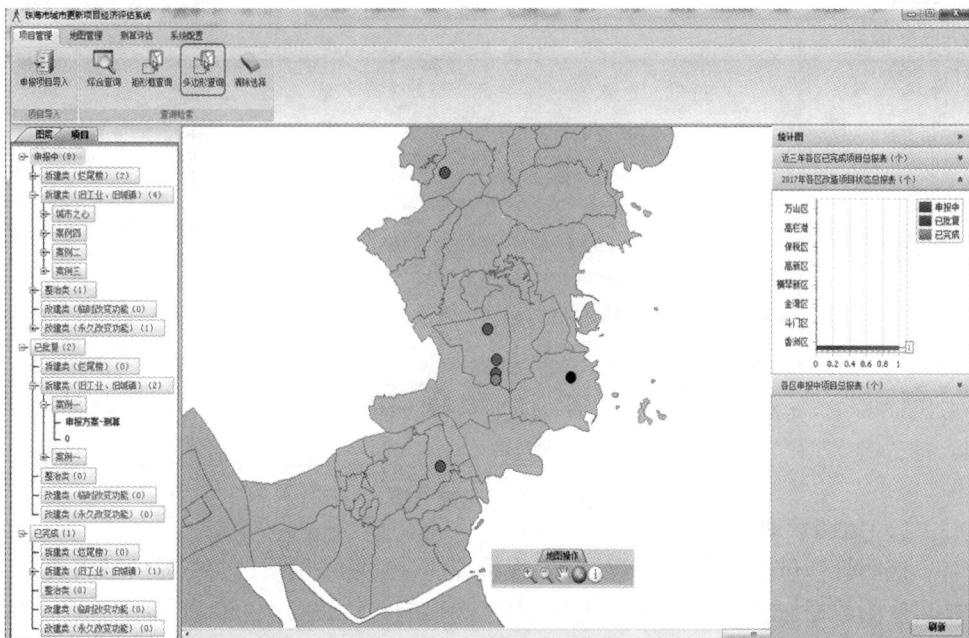

图 4-47　多边形查询

	项目名称	坐标范围	改造类型	地理位置	项目启动时间	项目状态
1	世界电子大厦	399284.409, 10011	拆建类（旧工业、	香洲区1	2017/10/22	已完成
2	案例1_整治类	399284.409, 10020..	整治类	香洲区0	2017/10/24	申报中
3	城市之心	403201.869, 10013..	拆建类（旧工业、	香洲区城市之心"	2017/10/29	申报中
4	案例1_旧工业旧城镇	399284.409, 10020..	拆建类（旧工业、	香洲区0	2017/10/15	申报中
5	案例1_烂尾楼	399284.409, 10014..	拆建类（烂尾楼）	香洲区0	2017/10/22	申报中
6	案例1_永久改变	398767.513, 10035..	改建类（永久改变	香洲区0	2017/11/3	申报中
7	威尔科技	396548.839, 99692..	拆建类（旧工业、	香洲区南屏中心城区	2017/10/29	申报中
8	皇家花园	94559.084, 245659..	拆建类（烂尾楼）	香洲区井岸镇江湾..	2017/10/23	申报中

图 4-48　多边形查询结果界面

清除选择：若要退出查询检索模式，可点击"清除选择"按钮退出相应查询、检索操作，清除地图上高亮显示的点的样式，如图 4-49 所示。

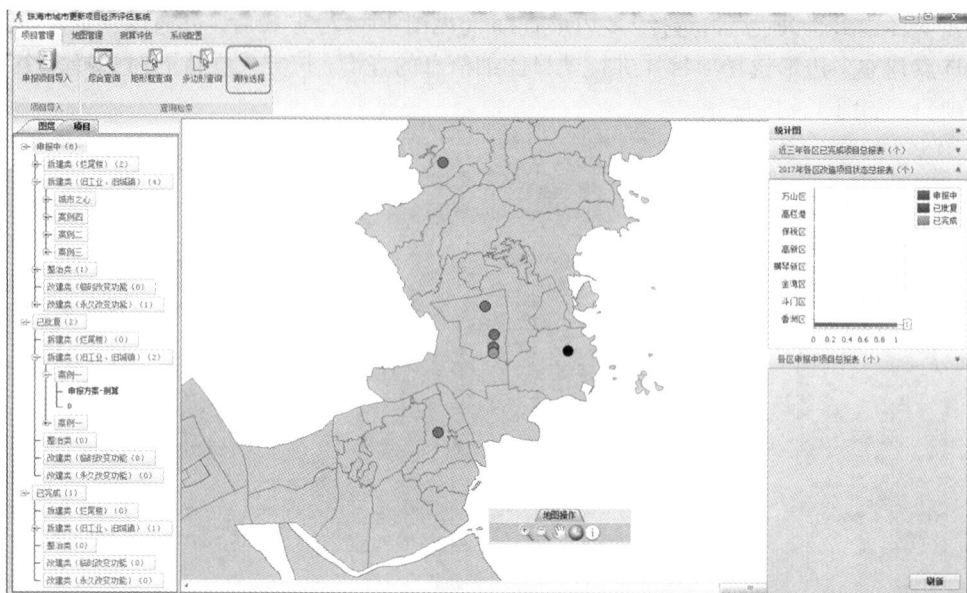

图 4 - 49   清除选择

（3）地图管理。

地图管理包括数据视图操作及工程管理两个功能子模块，主要提供城市更新项目底图数据加载及视图服务（与图层树管理结合），如图 4 - 50 所示。

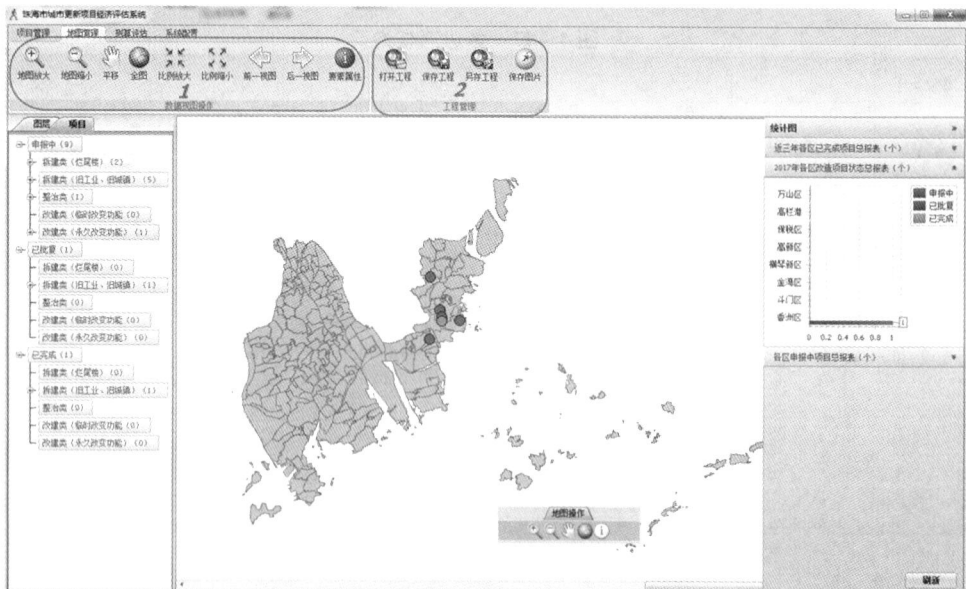

图 4 - 50   地图管理

①数据视图操作。

该模块可实现对底图数据的缩放、平移、全图浏览、视图切换、要素属性查询等基本操作，同时能够调整图层显示排序、设置图层样式、进行图层移除等，是本系统充分应用地理信息进行可视化显示的体现。

②地图缩放。

地图缩放具体通过数据视图操作中的"地图放大""地图缩小""比例放大""比例缩小""全图"等工具实现。其中，"地图放大"和"地图缩小"功能支持鼠标点击特定位置进行视图放大或者缩小，同时支持矩形框选择特定区域做缩放浏览；"比例放大"和"比例缩小"支持按照固定比例对整个视图进行缩放；"全图"功能是指将地图缩放至全图范围显示。

③视图平移。

鼠标点选"平移"工具，具体可通过按住鼠标左键进行拖动来实现地图平移，单击可重新定位地图，双击可重新定位和放大。

④视图切换。

鼠标点选"前一视图""后一视图"工具，可实现返回到地图的上一显示范围或按照显示地图的范围顺序再次前进。

(4)测算评估。

测算评估包括项目测算、项目分析与项目统计三个功能子模块，如图 4 - 51 所示，其中模型测算子模块依托城市更新项目及"烂尾楼"整治处理项目经济评估申报方案指标实现城市更新项目的经济测算评估，项目分析子模块实现城市更新项目同项目多方案、不同项目不同方案及总体利润的分析等，统计分析子模块则实现按项目申报时间、项目范围或者项目类别对特定指标的值(最值和均值)的统计。

模型测算：该模块主要实现城市更新项目及"烂尾楼"整治处理项目经济评估的测算，即城市更新主管部门接收到申报主体提交的经济评估成果后，首先将检查通过的项目信息通过平台导入到后台数据库，然后依据研究建立的《城市更新项目及"烂尾楼"处理项目经济评估模型》，基于申报单位提交的经济评估报告电子数据包对城市更新项目经济效益指标，通过调整测算参数计算不同的经济测算指标，选择更新或新建测算方案，将得到同一评估项目下的不同测算方案，辅助城市更新管理部门的规划审查工作。具体操作方式如下：

在项目目录树中选择目标项目的具体待测方案(见图 4 - 52)之后，依次点击"测算评估"→"模型测算"(见图 4 - 53)，在模型测算主界面单击"测算"按钮进行模型测算(见图 4 - 54)，同时支持新建方案及报告导出。

项目分析：该模块主要实现对城市更新项目同项目多方案(单项目方案分析)、不同项目不同方案(多项目对比分析)和总体利润分析三种模式的对比评估分析，如图 4 - 55 所示。

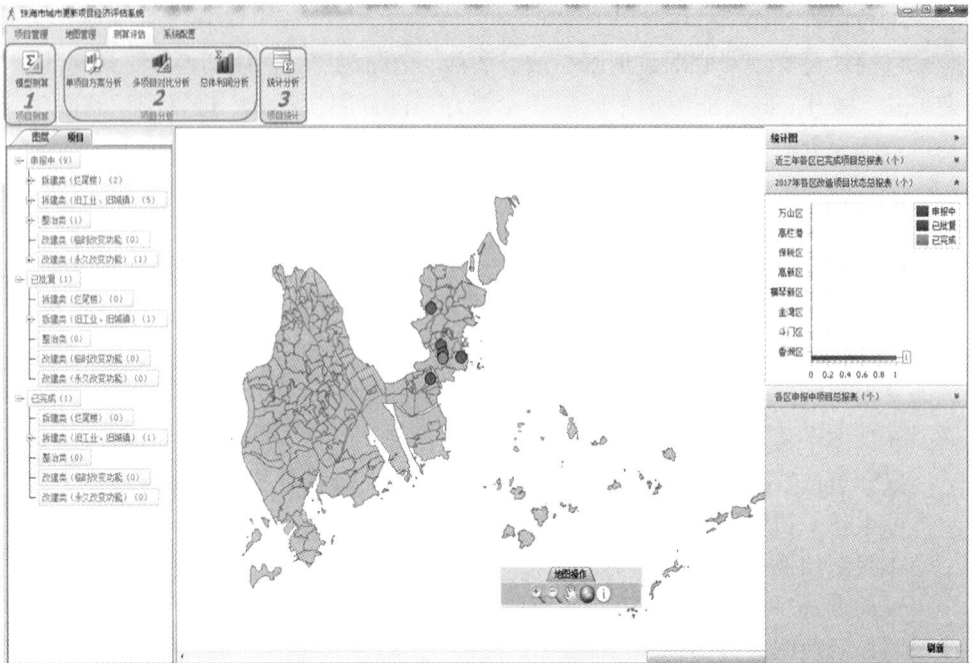

图 4-51　测算评估

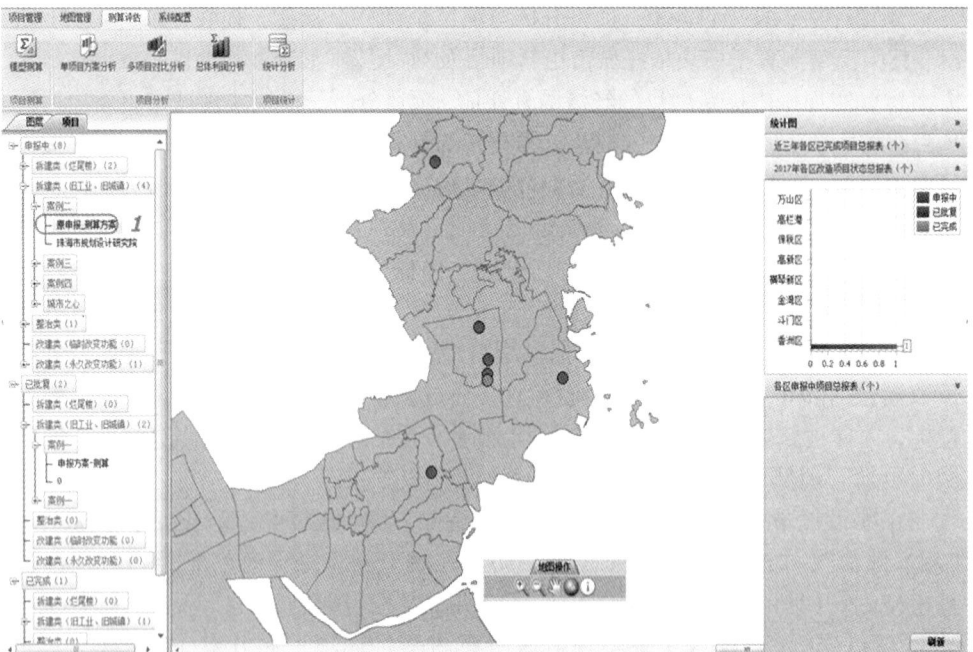

图 4-52　选择目标项目的待测方案

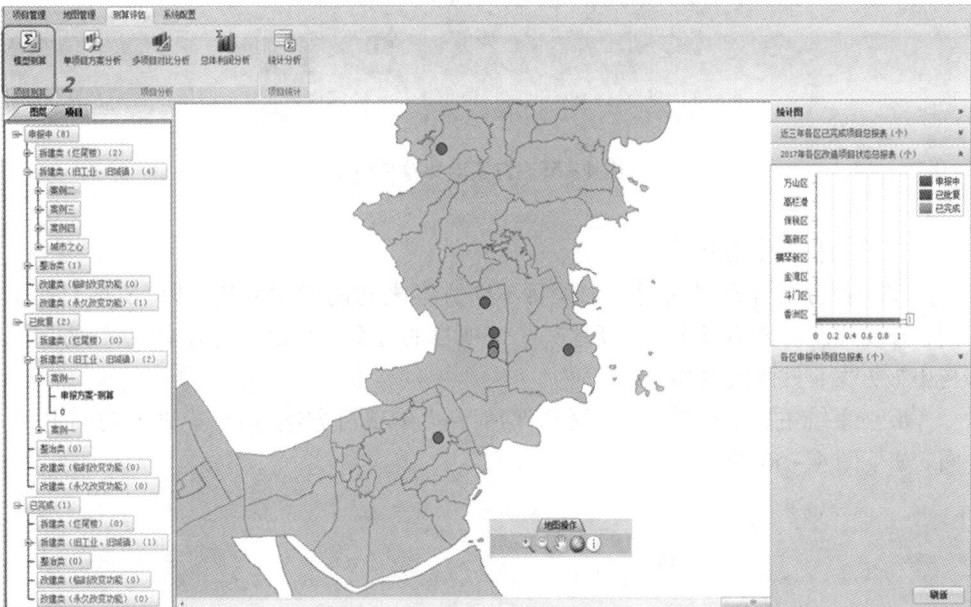

图 4 – 53　点击模型测算按钮

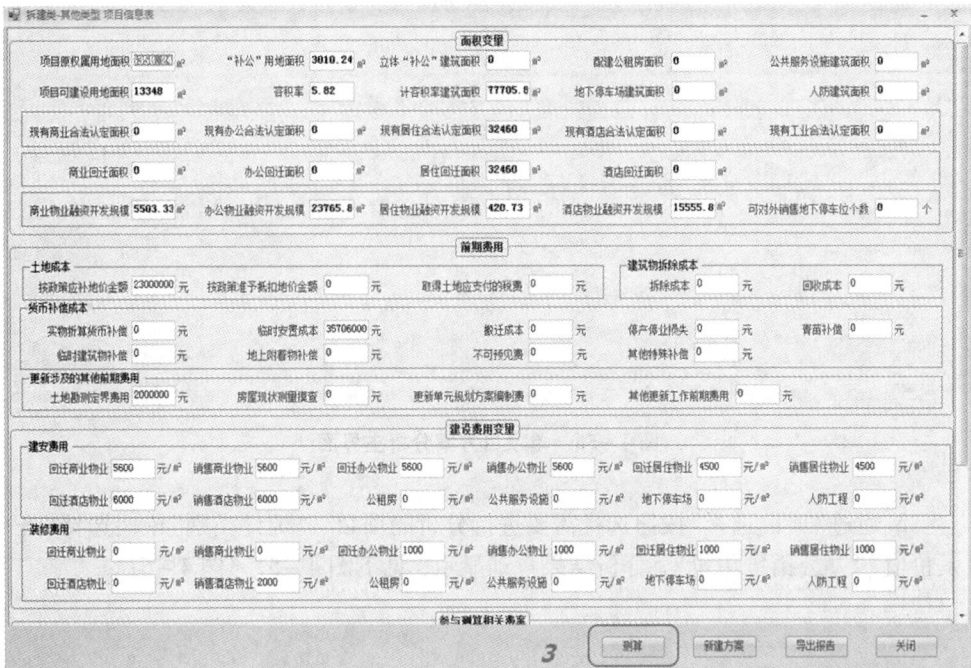

图 4 – 54　在项目信息表点击测算

图 4 –55　方案对比菜单栏

①单项目方案分析。

单项目方案分析实现同一个项目不同方案之间的对比分析。以"X 项目"为例，修改开发价值指标之后，新建一个该项目的方案，对比新建方案（对比方案）与申报方案，具体流程如下：

a.在系统主界面依次点击"测算评估"→"单项目方案分析"，进入功能主界面，如下图 4 –56 所示。

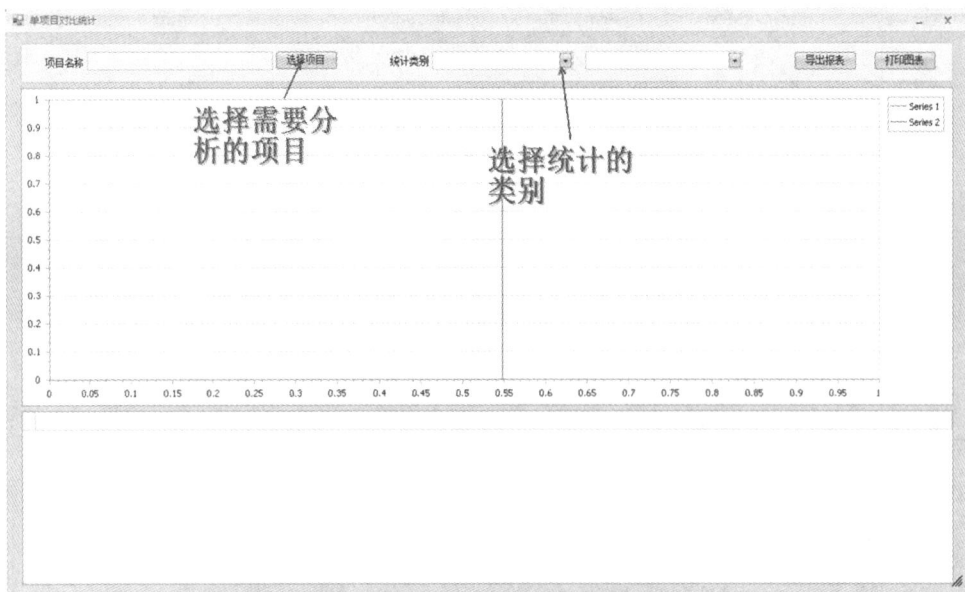

图 4 –56　单项目方案分析主界面

b.通过"项目选择"按钮选择需要进行分析的项目、"统计类别"依次选择"开发价值""办公销售单价"，分析结果自动显示，见下图 4 –57 ~ 图 4 –61。

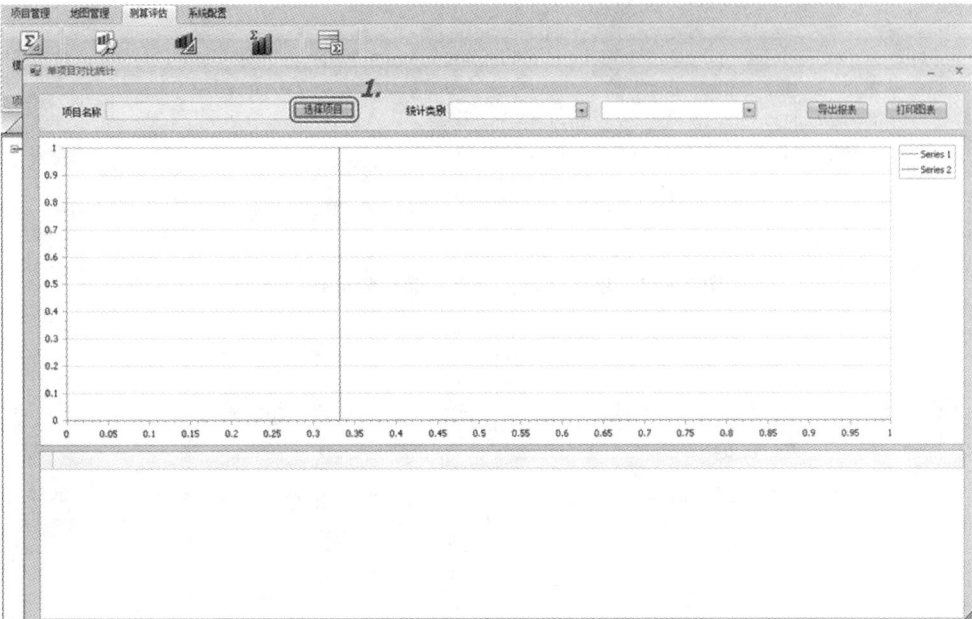

图 4－57　单项目方案分析－选择项目(1)

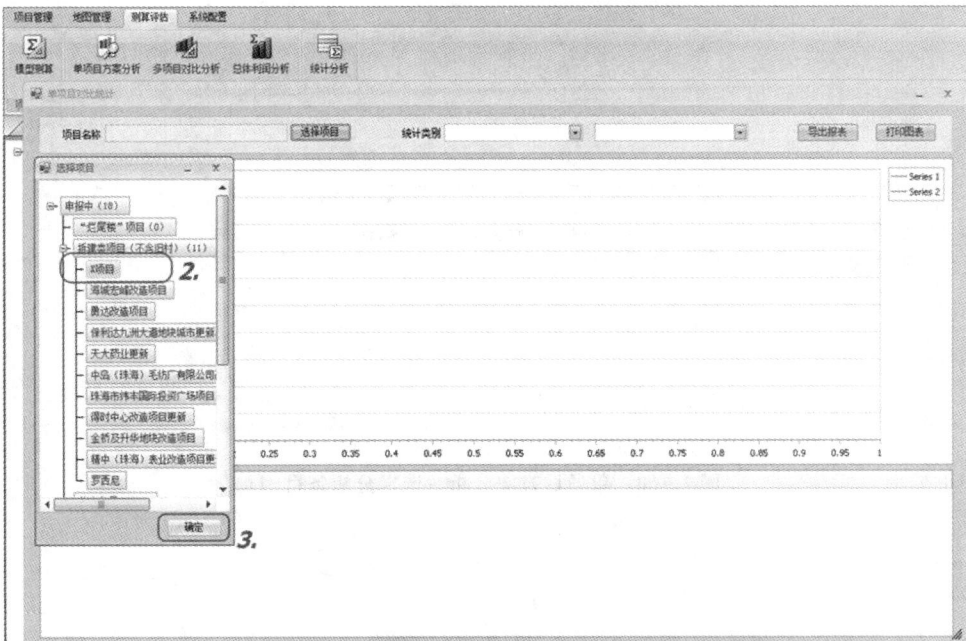

图 4－58　单项目方案分析－选择项目(2)

图4-59　单项目方案分析-选择分析条目(3)

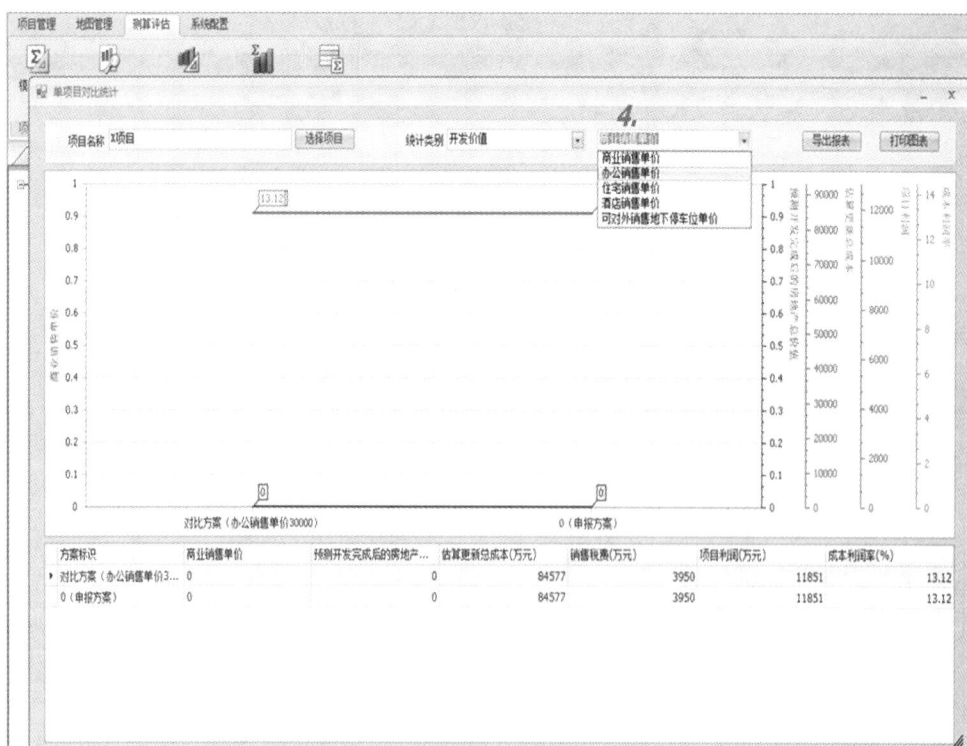

方案标识	商业销售单价	预测开发完成后的房地产...	估算更新总成本(万元)	销售税费(万元)	项目利润(万元)	成本利润率(%)
对比方案（办公销售单价3...	0	0	84577	3950	11851	13.12
0（申报方案）	0	0	84577	3950	11851	13.12

图4-60　单项目方案分析-选择分析条目(4)

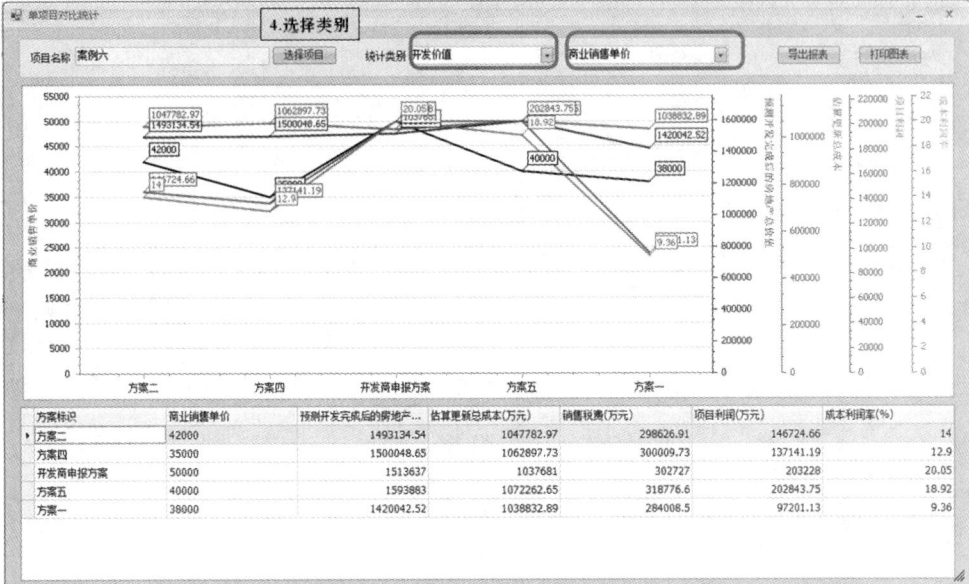

图 4 - 61　单项目方案分析结果

将鼠标放在具体方案上，可以对方案经济效益指标及选定对比指标实时显示，如下图 4 - 62、4 - 63 所示。

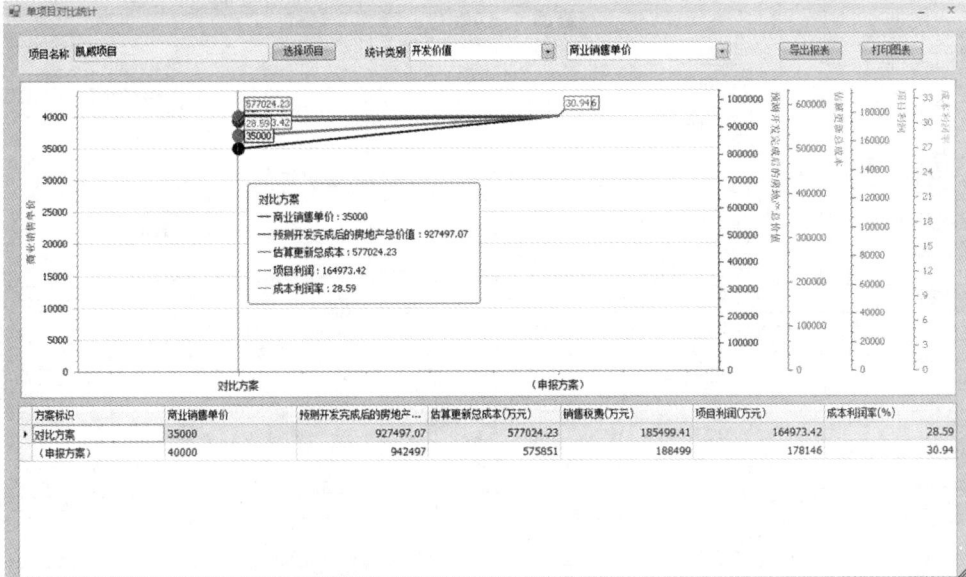

图 4 - 62　对比方案指标显示

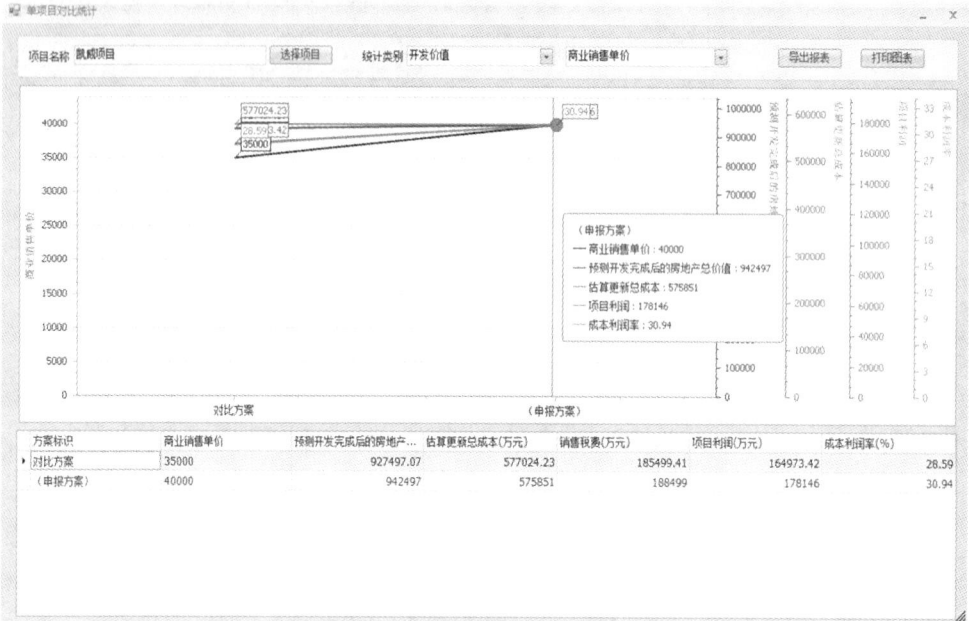

图 4 – 63　申报方案指标显示

c.通过导出报表可以导出 * . xls 文件，如下图 4 – 64 所示。

图 4 – 64　单项目方案分析结果导出报表

"案例六"项目测算方案对比

统计报表详细列表如下：

方案标识	商业销售单价	完成后的房地产总价	估算更新总成本(万元)	销售税费(万元)	项目利润(万元)	成本利润率(%)
方案二	42000	1493134.54	1047782.97	298626.91	146724.66	14
方案四	35000	1500048.65	1062897.73	300009.73	137141.19	12.9
开发商申报方案	50000	1513637	1037681	302727	203228	20.05
方案五	40000	1593883	1072262.65	318776.6	202843.75	18.92
方案一	38000	1420042.52	1038832.89	284008.5	97201.13	9.36

以曲线图展示如下：

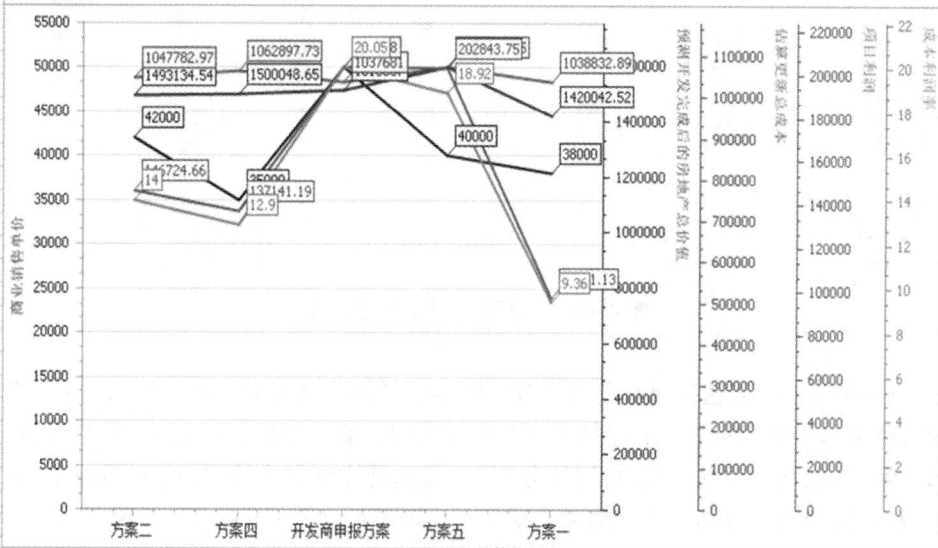

图 4 - 65　单项目方案分析结果打印图

如上图 4 - 65 所示，单项目方案分析可以在分析修改申报方案某一个指标变量的情况下，更新总成本、总开发价值、项目利润和成本利润率的变化情况，并用图和表进行直观显示。

②多项目对比分析。

实现目标项目与珠海全市项目库中的多个项目之间的对比分析(需要依托珠海全市城市更新项目及"烂尾楼"处理项目经济评估数据库开展)，通过模型测算获得的评估方案，可以用来做多种对比、统计分析。如：a. 与近三年同期实际指标相比较；b. 与同区域历史项目指标比较；c. 与不同评估方案相比较；d. 与互联网城市更新指标大数据相比较。本书将以多方案、多参数对比来分析该类型更新项目的敏感性指标。

(a)在系统主界面依次点击"测算评估"→"多项目对比分析"，进入功能主界面，如下图 4 - 66 所示。

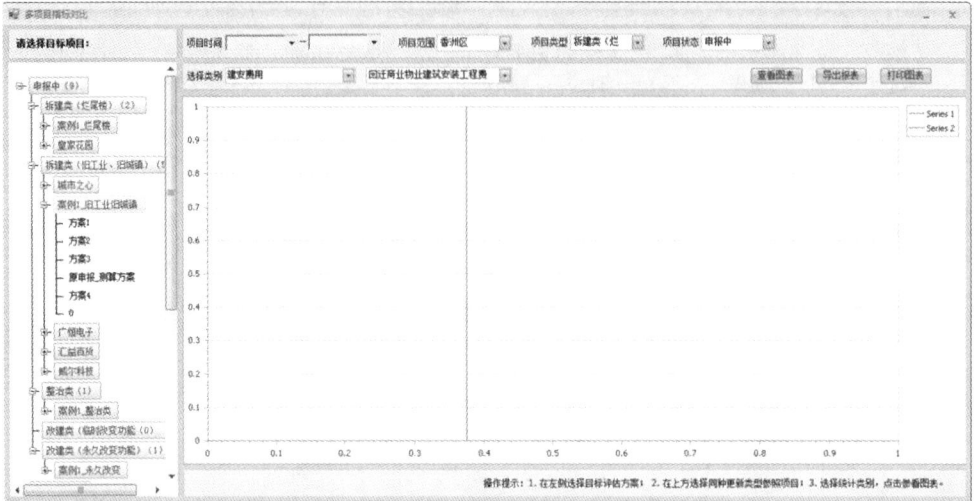

图 4 -66　多项目对比分析主界面

（b）在左侧"请选择目标评估方案"树形选择框中选择目标项目方案，在"选择参照项目类型和指标"中选择基于"项目类型、条目类别、项目范围和项目状态"等的参照项目，点击"指标对比分析"并勾选具体要对比的项目，最后点击"确定"按钮进行对比分析，分析结果自动显示，如图 4 -67 ~ 图 4 -69 所示。

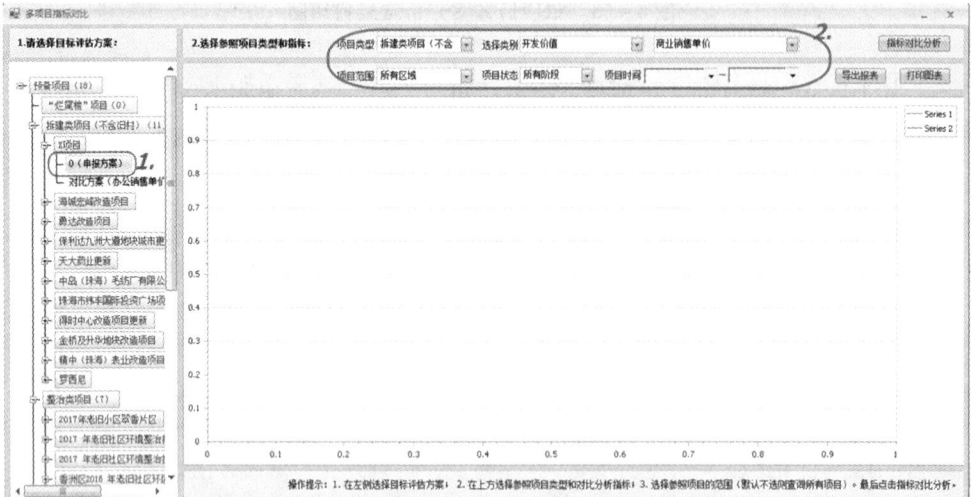

图 4 -67　多项目对比分析 -选择目标项目及参照项目

图 4 – 68　多项目对比分析 – 选择具体参照项目

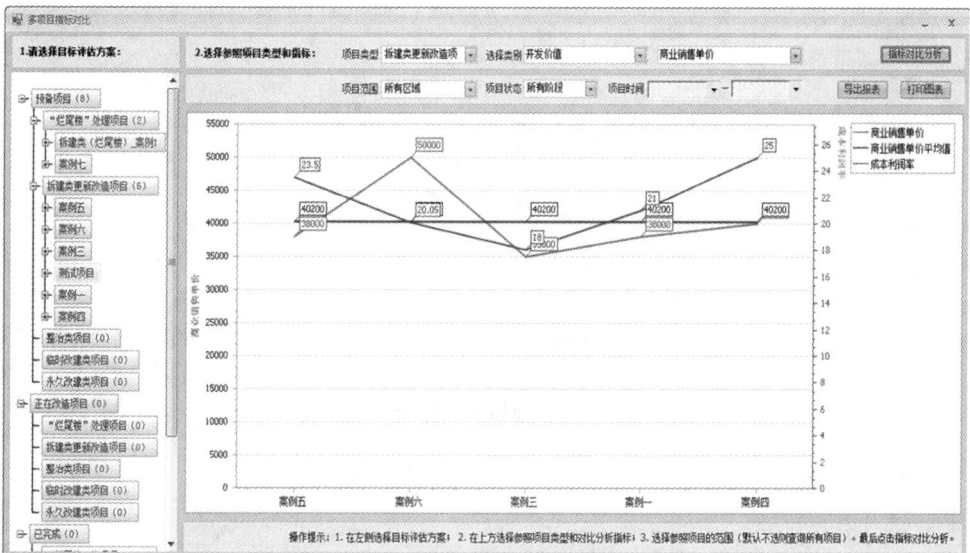

图 4 – 69　多项目对比分析结果实例

c. 通过导出报表可以导出 * . xls 文件, 并打印图表如下图 4 – 70 所示。

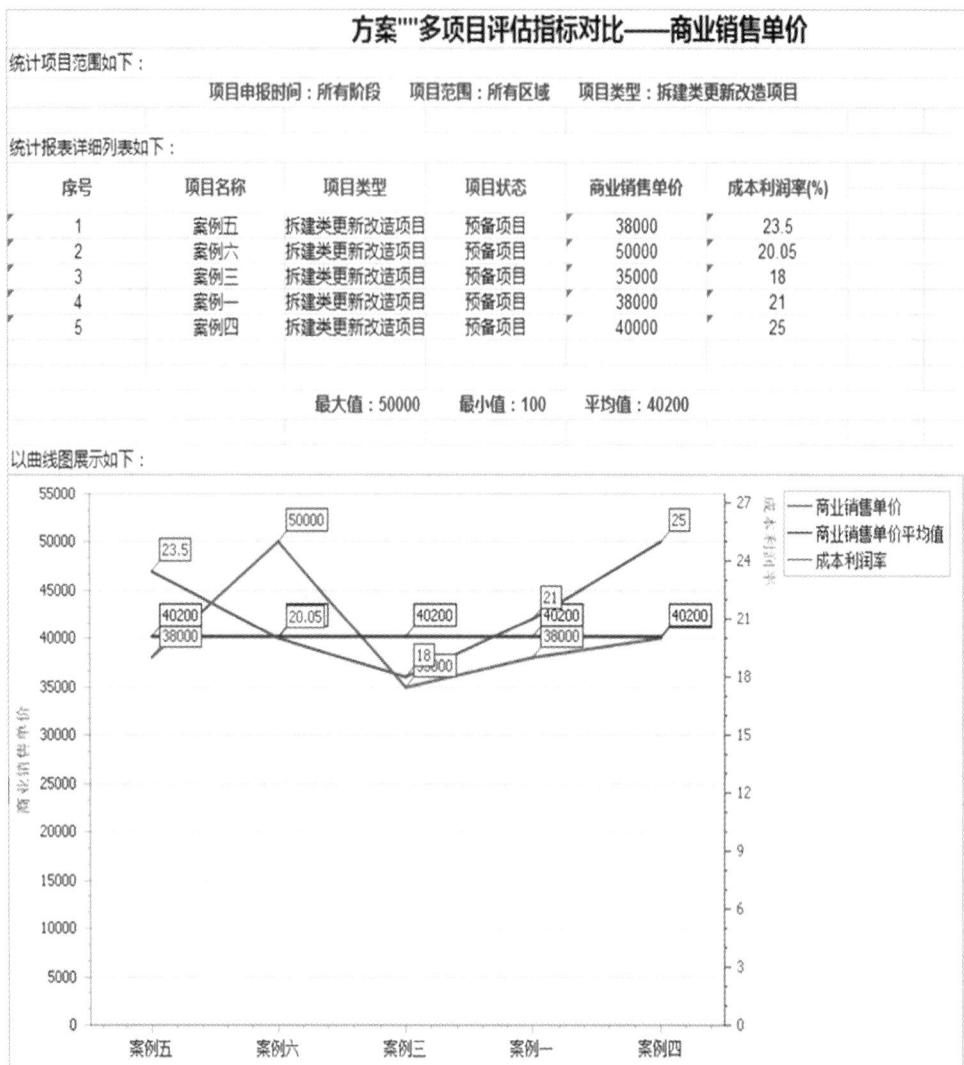

图 4 – 70 多项目对比分析导出报表

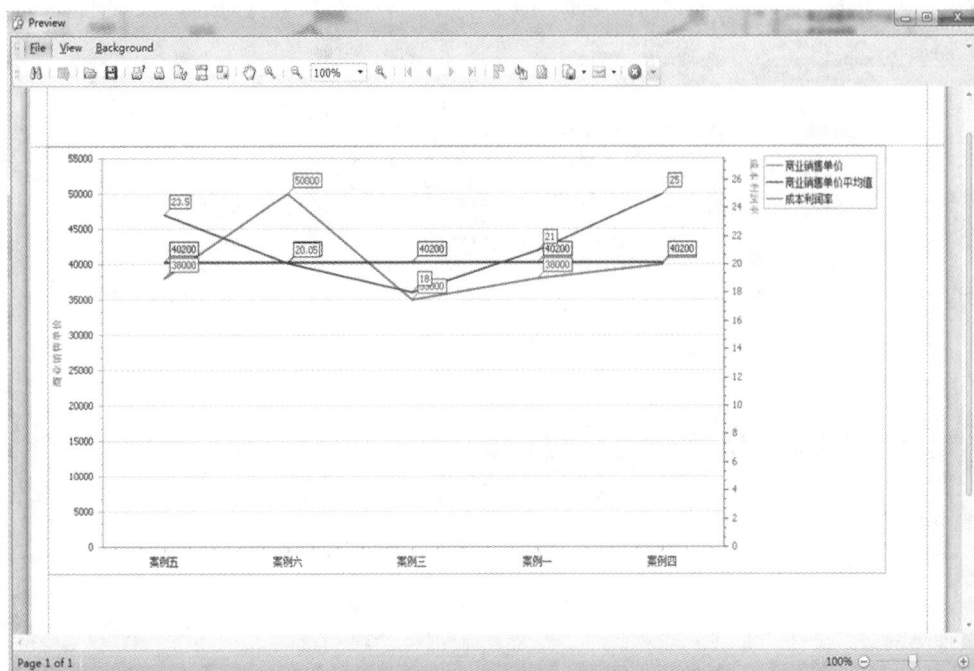

图 4 -71　多项目对比分析结果打印图表

如图 4 - 71 所示，多项目对比分析可以对多个项目的更新总成本、总开发价值、项目利润和成本利润率情况进行分析，并用图和表的形式进行直观化显示。

（d）敏感性分析。

本书将以多方案、多参数对比来分析该类型更新项目的敏感性指标。多方案对比分析功能如下图 4 - 72 所示。

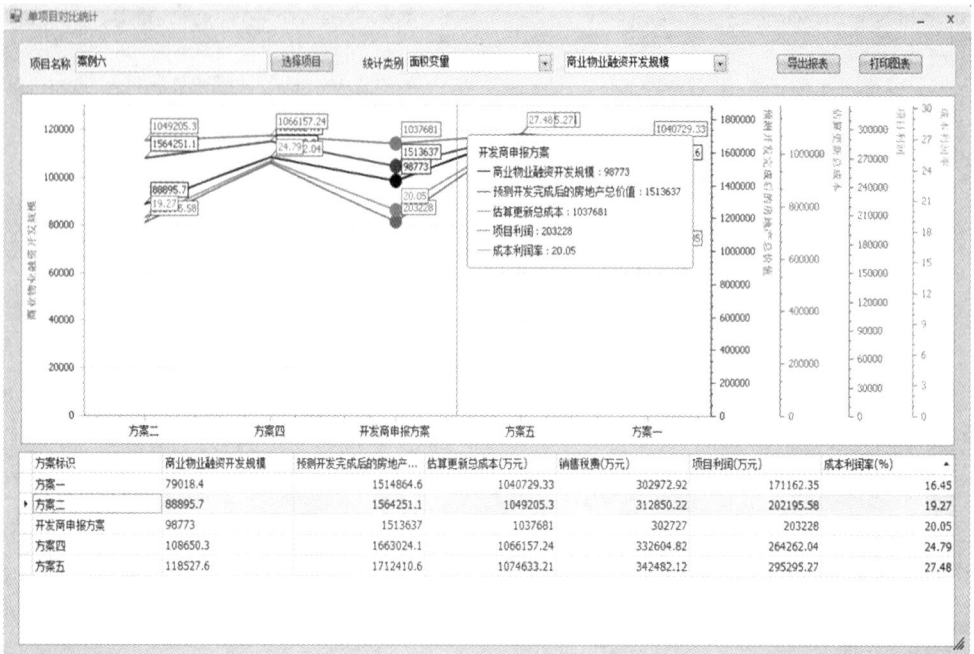

图 4 - 72 多方案对比分析结果

敏感性分析针对部分评估指标，分析研究商业物业融资开发规模、商业销售单价、销售费率、销售税率分别在 10%、20% 上下波动时，对评价指标的影响程度，计算结果如表 4 - 7 所示。

表 4 - 7 经济指标敏感性分析

模型 变量	调整 幅度	经济指标				
		开发价值 /亿元	开发成本 /亿元	销售税费 /亿元	项目开发 利润/亿元	成本利润率 /%
商业物业 融资开 发规模	-20%	151.5	104	30.3	17.1	16.45
	-10%	156.4	104.9	31.3	20.2	19.27
	10%	166.3	106.6	33.3	26.4	24.79
	20%	171.2	107.5	34.2	29.5	27.48

续表 4 -7

模型 变量	调整 幅度	经济指标				
		开发价值 /亿元	开发成本 /亿元	销售税费 /亿元	项目开发 利润/亿元	成本利润率 /%
商业销售单价	-20%	151.4	105.6	30.3	15.6	14.79
	-10%	156.4	105.7	31.3	19.5	18.43
	10%	166.3	105.9	33.3	27.2	25.67
	20%	171.2	106	34.2	31	29.28
销售费率	-20%	161.4	105.1	32.3	23	22.8
	-10%	161.4	105.4	32.3	23.6	22.42
	10%	161.4	106	32.3	23	21.68
	20%	161.4	106.4	32.3	22.7	21.31
销售税率	-20%	161.4	105.8	25.8	29.8	28.15
	-10%	161.4	105.8	29	26.6	25.1
	10%	161.4	105.8	35.5	20.1	19
	20%	161.4	105.8	38.7	16.9	15.95

从指标的分析计算结果中可发现，商业物业融资开发规模对开发价值和开发成本的影响较大，商业销售单价对项目开发利润和成本利润率的影响较大。综合来看，商业销售单价就是该城市更新类型经济评估的敏感性指标。

④总体利润分析。

实现目标项目与珠海全市项目关于经济效益指标(更新总成本、更新总价值、利润、成本利润率)的对比分析，需要依托珠海全市城市更新项目及"烂尾楼"处理项目经济评估数据库开展。

a.在系统主界面依次点击"测算评估"→"总体利润分析"，进入功能主界面，如图 4 -73 所示。

图 4 – 73 总体利润分析主界面

b. 在左侧"请选择目标评估方案"项目树下选择目标项目，点击查看图标，可以自动分析目标项目经济指标值与同类型项目中的对比情况，分析结果如下图 4 – 74 所示。

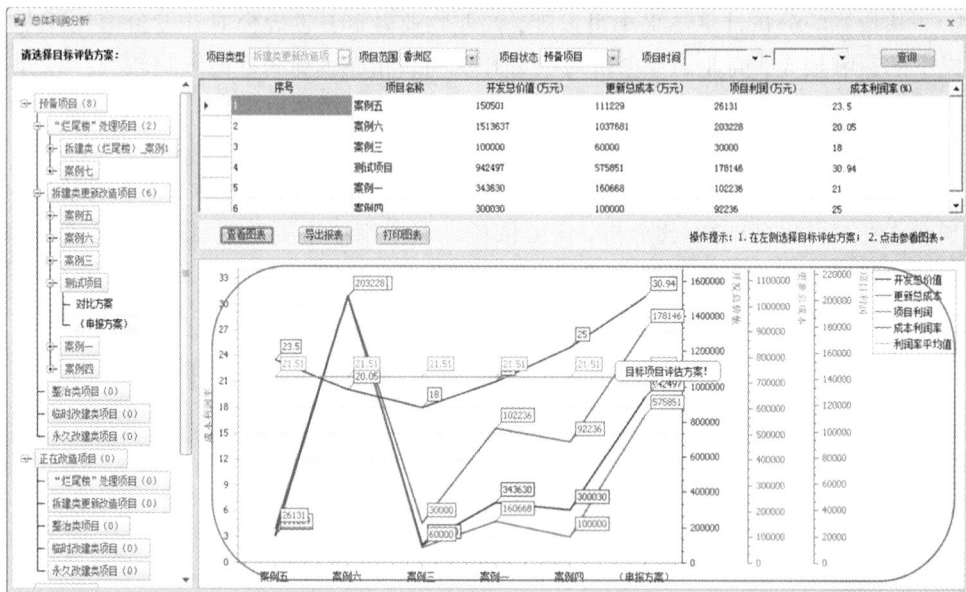

图 4 – 74 总体利润分析结果示例

c.通过导出报表可以导出 ＊.xls 文件，并打印报表如下图 4 － 75 所示。

方案"（申报方案）"总体利润对比

统计项目范围如下：

项目申报时间：所有阶段　　　项目范围：香洲区　　　项目类型：拆建类更新改造项目

统计报表详细列表如下：

序号	项目名称	开发总价值(万元)	更新总成本(万元)	项目利润(万元)	成本利润率(%)
1	案例五	150501	111229	26131	23.5
2	案例六	1513637	1037681	203228	20.05
3		100000	60000	30000	18
4		343630	160668	102236	21
5	案例四	300030	100000	92236	25
目标测算方案	（申报方案）	942497	575851	178146	30.94

最大利润率：25　　最小利润率：18　　平均利润率：21.51

以曲线图展示如下：

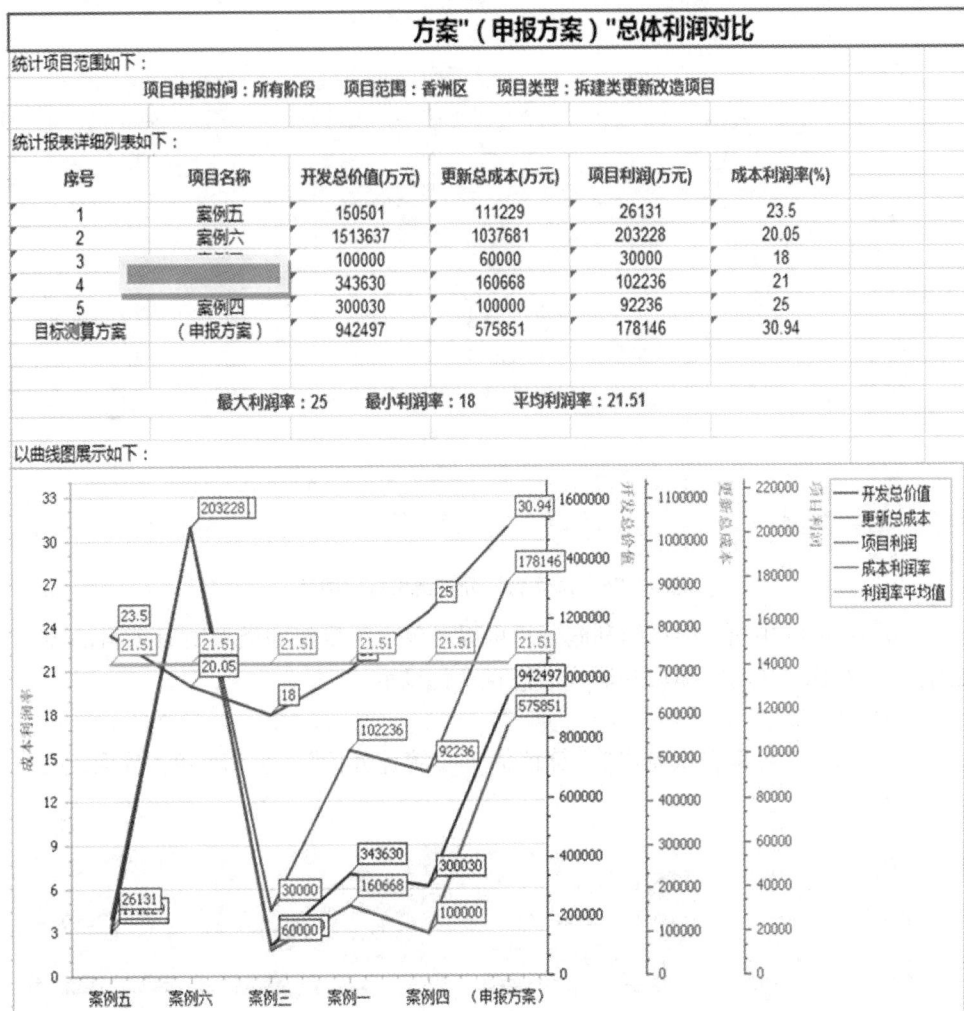

图 4 － 75　总体利润分析结果导出报表

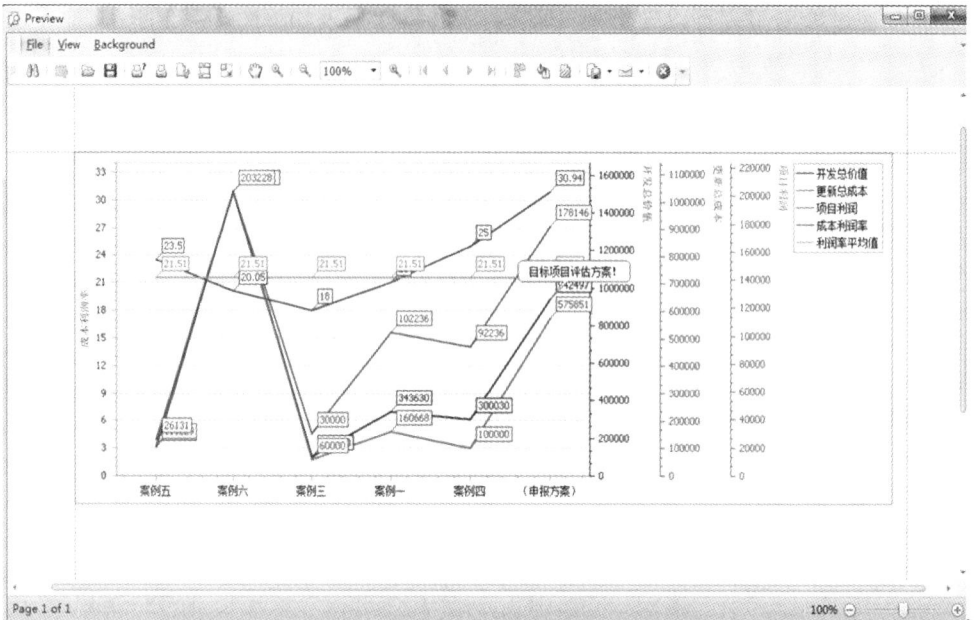

图4-76　总体利润分析结果打印图表

如图4-76中所示，总体利润分析可以对单个项目与同类型所有项目的经济指标进行对比，并用图和表的形式进行直观化显示。

⑤统计分析。

a.在系统主界面依次点击"测算评估"→"统计分析"，进入功能主界面，见下图4-77。

图4-77　多项目对比分析主界面

b. 通过"项目范围、项目类型、项目时间、指标类别"选择需要统计分析的项目及指标,点击"统计"按钮对选择项目的统计指标值进行最大值、最小值和均值的统计计算,并支持报表导出,见下图 4-78、图 4-79。

序号	项目名称	项目位置	申报时间	商业销售单价	项目利润(万元)	成本利润率(%)
1	案例五	香洲区梅华东路与兴	2018-11-11	38000	26131	23.5
2	案例六	香洲区吉大片区	2018-11-07	50000	203228	20.05
3	案例三	香洲区香洲工业园,	2018-11-07	35000	30000	18
4	测试项目	香洲区前山明珠南路	2018-11-12	40000	178146	30.94
5	案例一	香洲区南屏中心城区	2018-11-07	38000	102236	21
6	案例四	香洲区0	2018-11-07	40000	92236	25

统计结果: 最大值 50000　最小值 35000　平均值 40166.67

图 4-78　统计结果

多项目评估指标统计分析——商业销售单价

统计项目范围如下:

项目申报时间:所有阶段　项目范围:所有区域　项目类型:拆建类更新改造项目

统计报表详细列表如下:

序号	项目名称	项目位置	申报时间	项目利润(万元)	成本利润率(%)	商业销售单价
1	案例五	华东路与兴业路交叉	2018-11-11	26131	23.5	38000
2	案例六	香洲区吉大片区	2018-11-07	203228	20.05	50000
3	案例三	盾路,北靠春风路	2018-11-07	30000	18	35000
4	测试项目	山明珠南路,前山街	2018-11-12	178146	30.94	40000
5	案例一	香洲区南屏中心城区	2018-11-07	102236	21	38000
6	案例四	香洲区0	2018-11-07	92236	25	40000

最大值:50000　最小值:35000　平均值:40166.67

图 4-79　统计报表

（4）系统配置。

系统配置包括权限管理、当前用户及用户帮助三个功能子模块，如图4-80所示。其中"权限管理"提供软件功能更新及配置管理、角色管理及使用权限配置、用户管理及使用权限配置，"当前用户"允许系统当前使用用户对系统登录密码进行修改，"用户帮助"则提供当前系统版本查看及用户帮助文档查看服务。

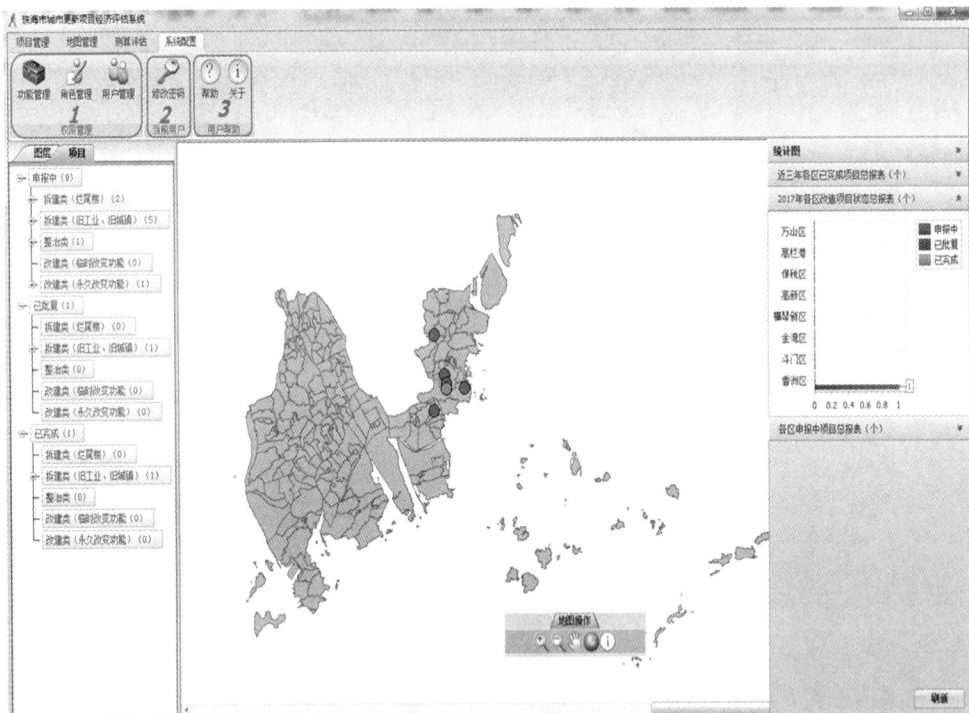

图4-80　系统配置

（5）统计图显示。

统计图显示主要是按照珠海市8个功能区（香洲、斗门、金湾、高栏港、高新、报税区、横琴新区和万山）对各项目阶段（预备项目、正在改造项目、已完成项目）的项目统计数据进行实时柱状图显示，如图4-81所示。

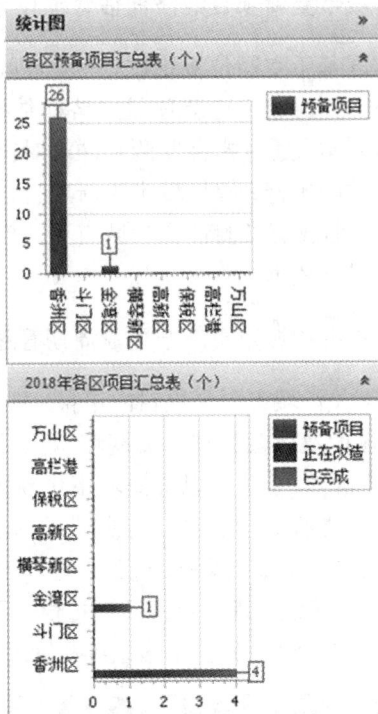

图 4 – 81 统计图显示

4.4.9 系统亮点

1. 采用了基于假设开发法的经济评估数学模型

假设开发法是先求得估价对象后续开发的必要支出及折现率或后续开发的必要支出及应得利润和开发完成后的价值,然后将开发完成后的价值和后续开发的必要支出折现到价值时点后相减,或将开发完成后的价值减去后续开发的必要支出及应得利润从而得到估价对象价值或价格的方法。

本模型基于假设开发法的原理,针对城市更新项目经济效益评估过程,深入研究具体估价方法,通过改进静态估计法,建立了一套行之有效的城市更新项目经济评估数学模型,避免了经济评估编制的随意性,降低了开发企业不断膨胀的心理预期,提高了经济评估的合理性。过去审核部门对项目申报主体提交的经济评估成果缺乏有效的校核手段,这是个从无到有的研究。

2. 采用了基于 GIS 的城市更新项目经济评估管理和分析一体化平台

将城市更新项目工作区基于空间位置定位，建立空间位置关系及空属联动关系，利用"一张图、一张表"实现城市更新项目经济评估报告审查审批的标准化、流程化。建立项目实时监测站，通过指标监测和冲突对比实现对项目进度的智能监管和对经济评估方案矛盾的预警；提供城市更新项目在时间维度和空间维度上的经济评估工作对比分析，形成交叉验证。为城市更新项目经济评估报告的编制和审查提供了数据支撑和科学依据。

3. 运用了基于一体化平台的城市更新全生命周期管理

目前城市更新工作较多关注城市更新项目的申报、规划环节(利益博弈核心环节)，对项目结果(主要是建设及运营管理等后期环节)关注不够(缺少必要的信息感知、搜集与对应的效果评价)。本项目以珠海城市更新工作实际为例，基于云技术、物联网＋边缘计算、GIS 技术、互联网技术，并借助"硬件＋软件＋技术方案"的闭环，实现了涵盖城市更新项目申报、规划、建设、运营、管理的全生命周期管理，为城市更新项目的规划审批、建设管理及运营监管提供了服务，提升了项目科学性及政府决策效率。图 4－82、4－82 分别为申报系统和管理系统主界面。

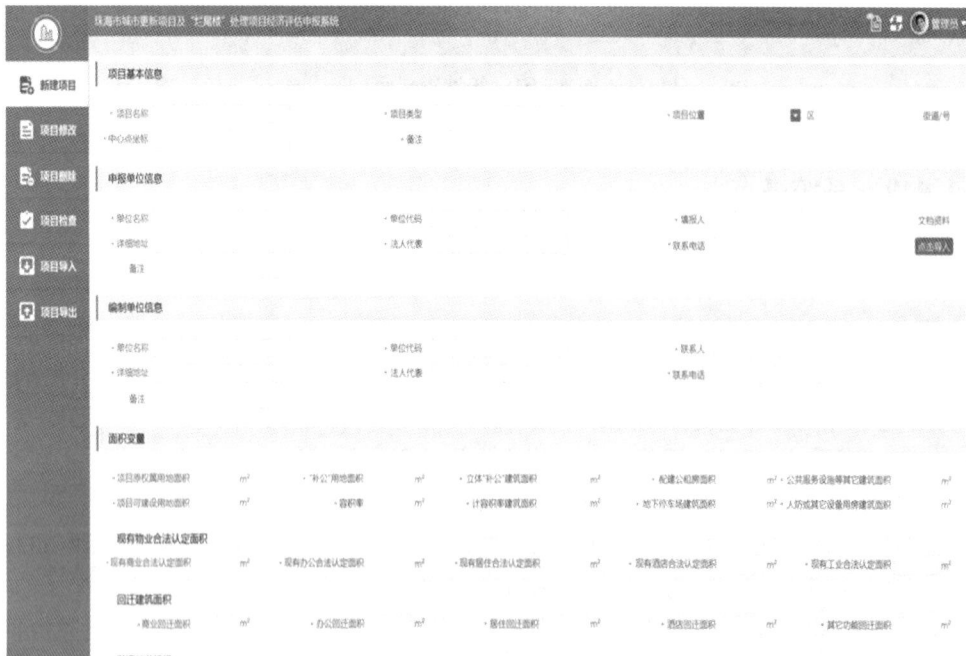

图 4－82　申报系统主界面

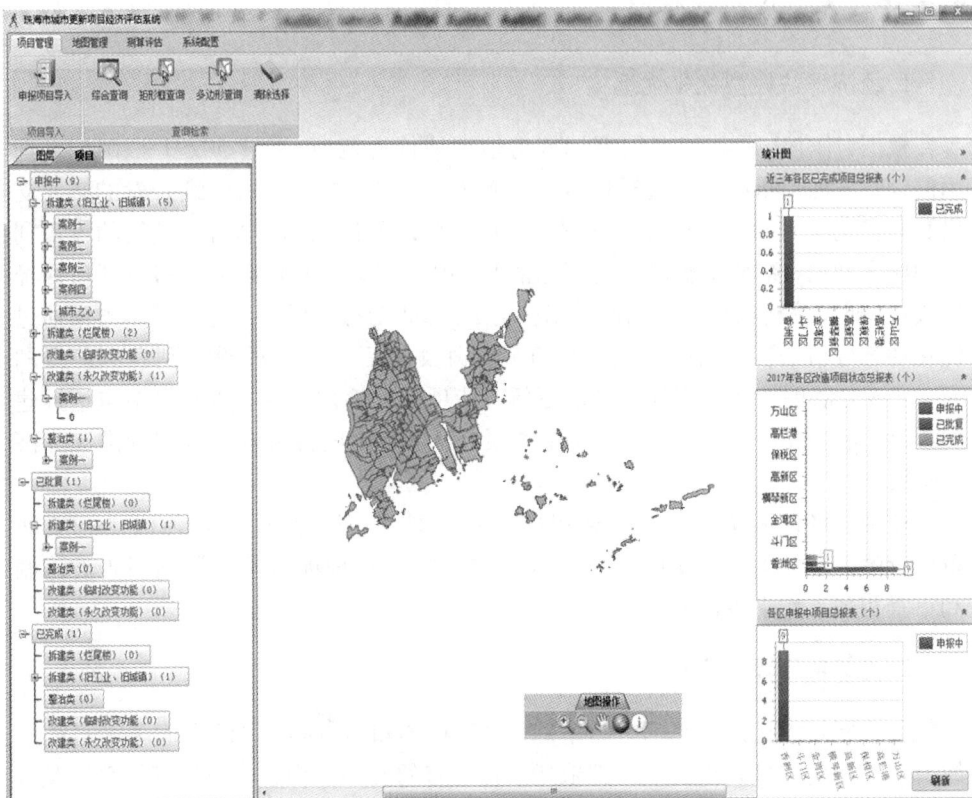

图 4 - 83　管理系统主界面

4. 实现了基于大数据的城市更新数据中心建设

通过更新项目的积累，逐步细化成本测算指标体系。通过抓取互联网上相关的经济测算参数值，并利用行业优势，收集、整理全市总规、控规、专项规划等规划类数据，构建了城市更新大数据资源中心。将人工核实与大数据技术相结合，使数学模型测算不断接近项目开发实际成本。

5. 达到了多专业融合，多领域应用目标

以上理论创新及完善，大大拓展了经济评估模型的应用领域，基于此，本项目结合生产实际，在控制建设用地容积率、前期市场分析、项目经济测算、项目可行性研究、规划设计和建筑设计、项目策划定位、税收、金融、法律等领域实现了该技术的应用创新，初步实现了从理论创新到应用实践创新的一条龙技术服务体系。

4.4.10 关键技术及难点

1. 经济评估模型优化优选

根据《中华人民共和国国家标准房地产估价规范》（GB/T 50291—2015），选用假设开发法估价时，应选择具体估价方法。动态分析法需对后续开发的必要支出和开发完成后的价值进行折现现金流量分析，且不另外测算后续开发的投资利息和应得利润，结合本次研究的实际情况，由于测算目的是评估城市更新项目经济效益（即税后利润和税后利润率指标等），因此动态分析法不适用。本方案通过优化动态分析法，折现现金流量分析后另外测算后续开发的投资利息和应得利润，将该方法创新地应用到了城市更新改造项目经济评估中，研究成果包括拆建类项目、永久改建类项目、临时改建类项目、整治类项目对应的数据标准和经济评估模型。

这套经济评估模型已在横琴新区管委会、珠海市区政府（管委会）、市府直属单位行政区域范围内的城市更新项目及"烂尾楼"处理项目经济评估报告的编制和审查相关工作中得以应用。

2. 更新项目智慧监测

物联网技术是以泛在网络为基础、以泛在感知为核心、以泛在服务为目的的综合性一体化信息处理技术。即依托公司已有的云平台物联网通信管控系统及方法，实时获取量化的更新项目进度和工况动态，并基于空间分析技术模拟展示实地场景，实现基于空间位置的更新项目实时监测、综合管理，辅助开发商和城市更新主管部门对项目建设过程及完成后的运营进行动态管理。

3. 经济评估成本参数选择及评估

网络爬虫是一种按照一定的规则，自动抓取互联网信息的程序或者脚本。随着网络的迅速发展，互联网成为大量信息的载体，如何有效地提取并利用这些信息成为一个巨大的挑战。

本书研究的城市更新改造项目经济测算涉及前期费用、建筑安装费用、装修费用、销售单价等成本及开发价值参数，在经济评估模型研究中，如何细化评估参数并提供有价值的参考值非常关键。本项目在研究过程中，基于网络爬虫技术，通过对抓取评估参数的描述、对网页或数据的分析与过滤获取响应内容、解析内容、保存数据，获取了房屋现状测量摸查等成本均值，从而为城市更新项目经济评估审查提供了评估参数值参考。

4.4.11　算法相关代码

以"烂尾楼"处理项目经济评估测算模型为例,经济评估指标计算代码如下。

1. 开发完成后的房地产价值(I)

```
public double CalI(double K1, double K2, double K3, double K4, double K5,
double K6, int K7, double Y1, double Y2, double Y3, double Y4, double Y5,
double Y6, double Y7)
    {
        double I = K1 * Y1 + K2 * Y2 + K3 * Y3 + K4 * Y4 + K5 * Y5 +
K6 * Y6 + +K7 * Y7;
        return I;
    }
```

2. 更新开发成本(T)

```
public double CalT(double B11, double B12, double B13, double B21, double
B22, double B31, double B32, double B33, double B34, double B35, double B36,
double B37, double B38, double B41, double B42, double B43, double B44, double G,
double L, double N, double C1, double C2, double C3, double C4, double C5, double
C6, double C7, double C8, double C9, double C10, double C11, double C12, double
C13, double C14, double C15, double P1, double P2, double P3, double P4, double
P5, double P6, double K1, double K2, double K3, double K4, double K5, double K6,
int K7, double Q, double V1, double V2, double D1, double D2, double D3, double
D4, double D5, double D6, double D7, double D8, double D9, double D10, double
D11, double D12, double D13, double D14, double D15, double Y1, double Y2,
double Y3, double Y4, double Y5, double Y6, double Y7, double M_Fee)
        {
            double B1 = B11 + B12 + B13;
            double B2 = B21 - B22;
            double B3 = B31 + B32 + B33 + B34 + B35 + B36 + B37 + B38;
            double B4 = B41 + B42 + B43 + B44;
            double T = (B1 + B2 + B3 + B4) * (1 + G) * (double)Math. Pow
((1 + L), N)                   + (P1 * C1 + K1 * C2 + P2 * C3 + K2 *
C4 + P3 * C5 + K3 * C6 + P4 * C7 + K4 * C8 + P5 * C9 + K5 * C10 +
P6 * C11 + K6 * C12 + Q * C13 + V1 * C14 + V2 * C15) * (1 + G) *
```

```
(double) Math. Pow((1 + L), N / 2) + (P1 * D1 + K1 * D2 + P2 * D3 +
K2 * D4 + P3 * D5 + K3 * D6 + P4 * D7 + K4 * D8 + P5 * D9 + K5 *
D10 + P6 * D11 + K6 * D12 + Q * D13 + V1 * D14 + V2 * D15) * (1
+ G) + (K1 * Y1 + K2 * Y2 + K3 * Y3 + K4 * Y4 + K5 * Y5 + K6 *
Y6 + K7 * Y7) * M_Fee;
        return T;
    }
```

3. 销售税费(U)

```
public double CalU(double K1, double K2, double K3, double K4, double K5,
double K6, int K7, double Y1, double Y2, double Y3, double Y4, double Y5,
double Y6, double Y7, double M_Tax)
    {
        double U = (K1 * Y1 + K2 * Y2 + K3 * Y3 + K4 * Y4 + K5 * Y5
+ K6 * Y6 + K7 * Y7) * M_Tax;
        return U;
    }
```

4. 项目利润(Z)

```
public double CalZ(double I, double U, double T)
    {
        double Z = I - U - T;
        return Z;
    }
```

5. 成本利润率(R)

```
public double CalR(double Z, double T)
    {
double R = 0;
if (T = = 0)
        R = 0;
else
        R = Z / T;
return R;
    }
```

4.5　大数据在城市更新经济评估工作中的应用

城市更新数据是支撑城市更新工作科学开展的重要基础工作，通过整合规划数据、地税地价、项目基础数据、图斑数据、审查审批数据、POI 数据、网络爬取资料等多源数据构建城市更新大数据资源库，能为城市更新政策研究、规划计划编制、经济测算、项目全生命周期动态监测等工作的开展提供有力的数据支撑。其中，以基于城市大数据的经济评估指标研究为例，应用如下。

1. 开发完成后市场单价评估

物业开发完成后价值中的市场单价是影响城市更新项目经济评估结果的重要参数，在城市更新工作开展过程中，需要按照市场价格和项目具体情况进行评估和核定。拆建类和改建类城市更新项目物业开发完成后的价值分为商业、办公、居住、酒店、工业五个部分，各部分的市场价格与环境都不同，并且不同时间点的价格也在发生变化。

以居住类销售项目为例，其主要是开发完成后一次性出售，适合基于市场比较来计算开发完成后的单价。首先获取评估时点的市场单价，再根据项目的交易日期、用地情况、区域因素等实际情况赋予各因素修正系数，再将两者综合起来即可得到当前项目的物业开发完成后的市场单价。

评估时点的市场单价通过网络爬取房天下的住房信息来整理。爬取及数据规整分以下几个步骤完成：①搭建开发环境，分析网页数据，循环翻页爬取房源信息；②数据去重、数据清洗、格式转换；③通过地理编码将住房小区坐标化、进行空间定位；④按区域、街道计算相关小区的均价，并分析绘制各个小区的均价分布图。珠海市香洲区二手房小区均价如图 4 - 84 所示。

图 4 – 84 香洲区二手房小区均价

2. 开发容积率评估

地块容积率是评价土地开发强度的一项重要指标，容积率的大小决定了土地开发收益率的高低。容积率受建筑成本和收益的影响，不同的时间段也会有一定变化。建筑成本和收益与地块的使用性质、地块的区位、市政设施条件和社会服务设施条件、地块空间环境质量、土地出让价值及地块的自然条件等因素有关。通过对土地现状及通过规划后的各类因素（商业区位、交通区位、城市设施、环境优劣等）进行调查分析，赋给每种因素影响力分值和权重系数，经过多因素综合叠加，就可得出规划后的旧城地块评价值，根据数值大小采用聚类分析法划分等级，就可为划分旧城规划后的土地等级提供科学的依据。并基于 GIS 建立空间地理数据库和属性数据库，将开发强度属性数据与地块空间数据连接起来，然后用相关的属性数据来符号化和标注地图，即可得到开发强度专题数据地图，如下图 4 – 85 所示。

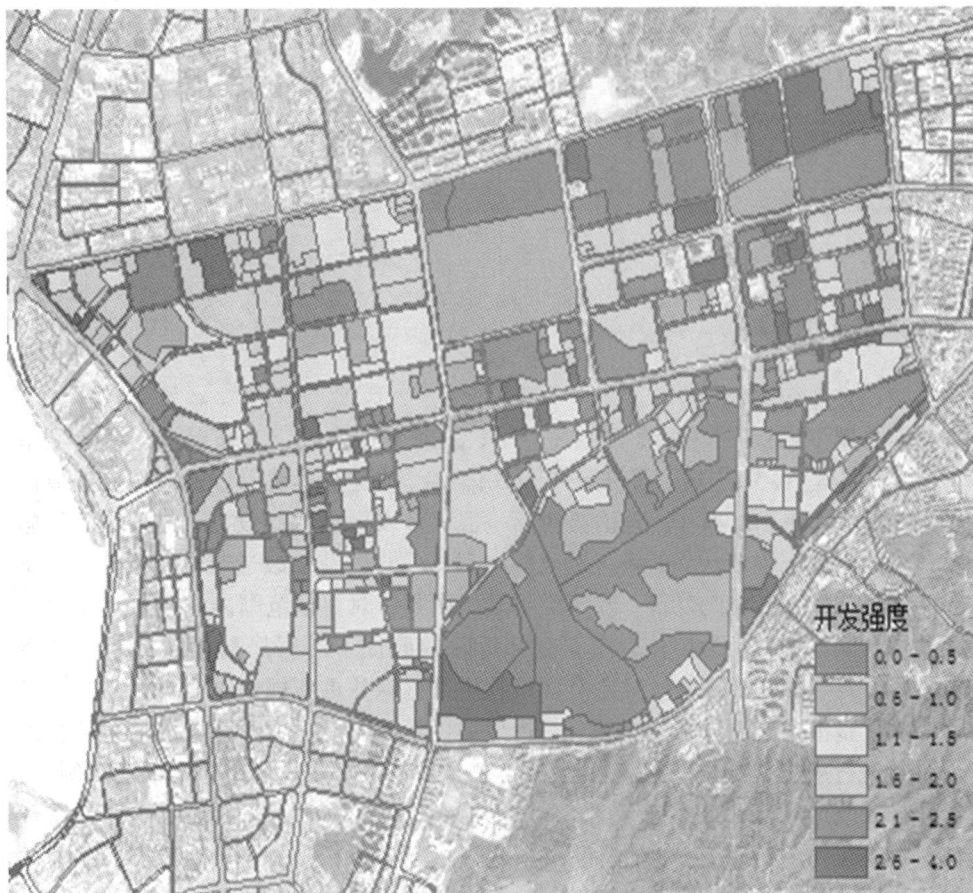

开发强度

	0.0 - 0.5
	0.6 - 1.0
	1.1 - 1.5
	1.6 - 2.0
	2.1 - 2.5
	2.6 - 4.0

图 4 - 85　开发强度专题图

4.6　本章小结

　　本章在研究城市更新项目经济评估要素和数据标准体系的基础上，创新性地提出了一种面向城市更新改造项目"投资收益—容积率等指标控制"问题的经济评估系统解决方案。基于计算机网络技术、数据库技术、GIS、大数据等技术，通过研究建立经济评估数学模型，研发经济评估模型软件系统，以城市更新信息化平台建设为抓手，实现了城市更新经济评估工作的标准化和规范化管理，用数据说话，为辅助经济评估项目决策提供了科学依据。

第5章 典型案例分析

5.1 案例选择

珠海城市更新主要是借鉴学习广州、深圳等一线城市工作经验，聚焦城市"三旧"（旧城镇、旧厂房、旧村庄）并采用整治、改建和拆建等方式对城市建成区域实施的城市更新。其中，整治类更新一般只涉及区域基础设施、公共服务设施及环境的更新完善，以及更新区域范围内现有建筑的节能改造与修缮更新，并不改变建筑的主体结构与功能；改建类更新一般是针对更新范围内的现有建筑改变其使用功能，以宗地为单位，在不全部拆除的前提下进行局部拆除或者加建更新；拆建类城市更新一般是对原有建筑物进行拆除并重新规划建设。

相较整治类更新和改建类更新，拆建类更新因为是对更新区域内的建筑拆除后重新进行规划、建设，更为复杂，故本书主要选取拆建类城市更新项目案例（由于旧村庄改造经济评估不同于旧工业、旧城镇，故本书中所述的城市更新经济评估模型不包括旧村庄类型）对模型及系统进行实证分析。其中，拆建类旧工业项目2个，拆建类旧城镇项目2个，拆建类"烂尾楼"项目1个。

5.2 案例实证

5.2.1 拆建类旧工业项目实证分析

案例一

1.经济评估申报方案

该项目经济评估申报方案主要包括两个部分——基础技术指标与经济可行性分析，具体情况如下表5-1、表5-2所示。

表 5 – 1　基础技术指标

类别		数值	单位
原用地面积		30003.60	m²
补公面积		4500.00	m²
补公后面积		25503.60	m²
总建筑面积		231546.35	m²
计容积率建筑面积		170364.05	m²
其中	商业建筑面积	7168.04	m²
	办公建筑面积	163196.01	m²
地下车库建筑面积		61182.30	m²
容积率		6.68	
建筑高度		168	m
机动车停车位		938	个
其中	地面停车位	38	个
	地下停车位	900	个

表 5 – 2　经济可行性分析

费用名称	序号	分类单名称	取费依据或相关收费标准	费用标准	单价	计量	费用总额/万元
盈利	1	总收入	销售部分收入	万元	313824	1	313824
	2	两税一费	营业税、城建税、教育费附加	万元	5.60%	313824	17574
	3	总成本	开发＋营销＋财务＋不可预算＋管理	万元	1.5 万元/m²	170364 m²（计容面积）	255546
	4	所得税	（①－②－③）×0.25	万元	25%	40704	10176
	5	土地增值税预征	①×2%	万元	2%	313824	6276
	6	税前利润	①－③	万元	58278	1	58278
	7	税前利润率	⑥/③	%	—	—	22.8%
	8	税后利润	①－②－③－④	万元	30528	1	30528
	9	税后毛利率	⑧/（②＋③＋④）	%	—	—	10.8%

注：商业预期销售单价为 28000 元/m²；办公（带装修）预期销售单价为 18000 元/m²。

2.模型测算评估结果

具体情况如下表5-3、5-4所示。

表5-3 基本条目类别标准数据表

条目类别		值	单位
1.项目类别(F)	1.1 旧工业(F_1)		
	1.2 旧城镇(F_2)		
2.项目原用地面积(A)		30003.6	m²
3."补公"面积(E)	3.1 "补公"用地面积(E_1)	4500	m²
	3.2 立体"补公"建筑面积(E_2)	—	m²
4.配建公租房面积(O)		—	m²
5.公共服务设施等其他建筑面积(Q)		—	m²
6.项目可建设用地(扣除"补公")面积(H)		25503.6	m²
7.地下室建筑面积(V)	7.1 地下停车场建筑面积(V_1)	—	m²
	7.2 人防工程及其他设备用房建筑面积(V_2)	—	m²
8.现有物业合法建筑面积(J)	8.1 现有商业合法建筑面积(J_1)	—	m²
	8.2 现有办公合法建筑面积(J_2)	—	m²
	8.3 现有居住合法建筑面积(J_3)	—	m²
	8.4 现有酒店合法建筑面积(J_4)	—	m²
	8.5 现有工业合法建筑面积(J_5)	13946	m²
	...		
9.回迁物业建筑面积(P)	9.1 商业回迁物业建筑面积(P_1)	—	m²
	9.2 办公回迁物业建筑面积(P_2)	—	m²
	9.3 居住回迁物业建筑面积(P_3)	—	m²
	9.4 酒店回迁物业建筑面积(P_4)	—	m²
	9.5 其他功能回迁物业建筑面积(P_5)	—	m²
	...		m²

续表 5-3

条目类别		值	单位
10. 融资开发规模 (K)	10.1 商业物业融资开发规模 (K_1)	7168.04	m²
	10.2 办公物业融资开发规模 (K_2)	163196.01	m²
	10.3 居住物业融资开发规模 (K_3)	—	m²
	10.4 酒店物业融资开发规模 (K_4)	—	m²
	10.5 其他功能物业融资开发规模 (K_5)	—	m²
	10.6 可对外销售地下停车位个数 (K_6)	—	个
	…		
11. 容积率 (W)		6.68	
12. 计容积率建筑面积(规划)(X)		170364.05	m²

表 5-4 评估测算标准数据表

条目类别			值	单位
前期费用 (B)	1. 土地成本 (B_1)	1.1 按政策应补地价金额 (B_{11})		元
		1.2 按政策准予抵扣地价金额 (B_{12})	490000000	元
		1.3 取得土地应支付的税费 (B_{13})		元
	2. 建筑物拆除成本 (B_2)	2.1 拆除成本 (B_{21})	—	元
		2.2 回收成本 (B_{22})	—	元
	3. 货币补偿成本 (B_3)	3.1 实物折算货币补偿 (B_{31})	—	元
		3.2 其他货币补偿 (B_{32}) 3.2.1 临时安置成本 (B_{321})	—	元
		3.2.2 搬迁成本 (B_{322})		
		3.2.3 停产停业损失 (B_{323})		
		3.2.4 青苗补偿 (B_{324})		
		3.2.5 临时建筑物补偿 (B_{325})		
		3.2.6 地上附着物补偿 (B_{326})		
		3.2.7 不可预见费 (B_{327})		
		3.2.8 其他特殊补偿 (B_{328})		
		…		
	4. 更新涉及的其他前期费用 (B_4)	4.1 土地勘测定界费用 (B_{41})		元
		4.2 房屋现状测量摸查 (B_{42})		
		4.3 更新单元规划方案编制费 (B_{43})	2000000	
		4.4 其他更新工作前期费用 (B_{44})		

续表 5 - 4

条目类别		值	单位
建筑安装费用(C)	1. 回迁商业物业建筑安装工程费(C_1)	5600	元/m²
	2. 销售商业物业建筑安装工程费(C_2)	5600	元/m²
	3. 回迁办公物业建筑安装工程费(C_3)	5600	元/m²
	4. 销售办公物业建筑安装工程费(C_4)	5600	元/m²
	5. 回迁居住物业建筑安装工程费(C_5)	—	元/m²
	6. 销售居住物业建筑安装工程费(C_6)	—	元/m²
	7. 回迁酒店物业建筑安装工程费(C_7)	—	元/m²
	8. 销售酒店物业建筑安装工程费(C_8)	—	元/m²
	9. 回迁其他功能物业建筑安装工程费(C_9)	—	元/m²
	10. 销售其他功能物业建筑安装工程费(C_{10})	—	元/m²
	11. 公租房建筑安装工程费(C_{11})	—	元/m²
	12. 公共服务设施建筑安装工程费(C_{12})	—	元/m²
	13. 地下停车场建筑安装工程费(C_{13})	—	元/m²
	14. 人防及其他设备用房工程建筑安装工程费(C_{14})	—	元/m²
	...		
装修费用(D)	1. 回迁商业物业装修费用(D_1)	—	元/m²
	2. 销售商业物业装修费用(D_2)	—	元/m²
	3. 回迁办公物业装修费用(D_3)	—	元/m²
	4. 销售办公物业装修费用(D_4)	—	元/m²
	5. 回迁居住物业装修费用(D_5)	—	元/m²
	6. 销售居住物业装修费用(D_6)	—	元/m²
	7. 回迁酒店物业装修费用(D_7)	—	元/m²
	8. 销售酒店物业装修费用(D_8)	—	元/m²
	9. 回迁其他功能物业装修费用(D_9)	—	元/m²
	10. 销售其他功能物业装修费用(D_{10})	—	元/m²
	11. 公租房装修费用(D_{11})	—	元/m²
	12. 公共服务设施装修费用(D_{12})	—	元/m²
	13. 地下停车场装修费用(D_{13})	—	元/m²
	14. 人防及其他设备用房工程装修费用(D_{14})	—	元/m²
	...		

续表 5 - 4

条目类别		值	单位
参与测算相关费率	1. 项目开发管理费(G)	3%	元
	2. 销售费率(m)	2%	
	3. 销售税率(M)	20%	
	4. 利率(L)	4.75%	
	5. 开发周期(N)	3	年
物业开发完成后价值(Y)	1. 商业物业市场单价(Y_1)	38000	元/m²
	2. 办公物业市场单价(Y_2)	20000	元/m²
	3. 住宅物业市场单价(Y_3)	—	元/m²
	4. 酒店物业市场单价(Y_4)	—	元/m²
	5. 其他功能物业市场单价(Y_5)	—	元/m²
	6. 可对外销售地下停车位市场价值(Y_6)	—	元/个
	…		

（1）预测开发完成后的房地产价值（I）。

$I = K_1 Y_1 + K_2 Y_2 + K_3 Y_3 + K_4 Y_4 + K_5 Y_5 + K_6 Y_6 = 353631（万元）$

（2）估算更新开发成本（T）。

项目更新总成本 = 前期费用 + 建筑安装工程费 + 精装修成本 + 管理费用 + 销售费用 + 投资利息。

即有，

$T = (B_1 + B_2 + B_3 + B_4)(1 + G)(1 + L)^N + (P_1 C_1 + K_1 C_2 + P_2 C_3 + K_2 C_4 + P_3 C_5 + K_3 C_6 + P_4 C_7 + K_4 C_8 + P_5 C_9 + K_5 C_{10} + OC_{11} + QC_{12} + V_1 C_{13} + V_2 C_{14})(1 + G)(1 + L)^{N/2} + (P_1 D_1 + K_1 D_2 + P_2 D_3 + K_2 D_4 + P_3 D_5 + K_3 D_6 + P_4 D_7 + K_4 D_8 + P_5 D_9 + K_5 D_{10} + OD_{11} + QD_{12} + V_1 D_{13} + V_2 D_{14})(1 + G) + (K_1 Y_1 + K_2 Y_2 + K_3 Y_3 + K_4 Y_4 + K_5 Y_5 + K_6 Y_6) m = 170668（万元）$

（3）销售税费（U）。

销售税取物业开发完成后价值的 M，则销售税费为：

$DU = (K_1 Y_1 + K_2 Y_2 + K_3 Y_3 + K_4 Y_4 + K_5 Y_5 + K_6 Y_6)M = 70726（万元）$

（4）项目开发利润（Z）及成本利润率（R）。

项目税后利润 = 项目物业开发完成后价值 - 销售税费 - 项目更新总成本。

即有，

$$Z = I - U - T = 112236（万元）$$

项目税后成本利润率 = 项目税后利润/项目更新总成本 × 100%。

即有，

$$R = Z/T \times 100\% = 65.76\%$$

案例二

1. 经济评估申报方案

该项目经济评估申报方案的基础技术指标、项目开发销售收入和效益估算结果的具体情况如下表所示。

(1)基础技术指标。

表 5 – 5　基础技术指标

类别		数值	单位
原用地面积		79524.69	m²
可建设用地面积		62458.69	m²
总计容积率建筑面积		335133.86	m²
住宅		83515.36	m²
其中	产权住宅建筑面积	75163.82	m²
	公租房	8351.54	m²
商业		20000	m²
办公类		229068.50	m²
其中	酒店式办公	68720.55	m²
	高科技产业办公	22906.85	m²
	普通商务办公	137441.10	m²
地下室建筑面积		89507	m²
容积率		5.37	

(2)经济评估。

表5-6 项目开发销售收入分析

序号	物业类型	说明	预计可销售体量/m²	均价/(元·m⁻²)	销售总额/万元
1	可销售住宅	公共租赁租房无偿给到政府，不进行市场销售	75163.82	26249	197298
2	酒店式住宅	—	68720.55	26335	156697
3	办公	超高层，销售70%	160347.95	15300	245323
4	商业	根据经验，商业项目需要较长的运营时间，尤其3~5年内，需要资金反哺，因此，此次计算不将商业计算在内	20000	—	—
总结					599318

项目成本利润率估算分析：项目更新总成本(计算公式为：总成本=拆迁补偿成本+土地补偿成本+开发建设成本+管理费用+销售费用及税率+财务成本+不可预见费)为579177万元人民币，总销售收入为599317万元人民币，税前总利润为20140万元人民币，所得税5035万元人民币。

故，税前成本利润率=(销售收入-所得税)/更新总成本=3.48%。

税后成本利润率=(税前总利润-更新总成本)/更新总成本=2.61%。

2. 应用模型测算评估结果

具体情况如下表5-7、表5-8所示。

表5-7 基本条目类别标准数据表

条目类别		值	单位
1. 项目类别(F)	1.1 旧工业(F_1)		
	1.2 旧城镇(F_2)		
2. 项目原用地面积(A)		79524.6	m²
3. "补公"面积(E)	3.1 "补公"用地面积(E_1)	11928.7	m²
	3.2 立体"补公"建筑面积(E_2)	—	m²

续表 5 – 7

条目类别		值	单位
4. 配建公租房面积(O)		8351.54	m²
5. 公共服务设施等其他建筑面积(Q)		2550	m²
6. 项目可建设用地(扣除"补公")面积(H)		62458.69	m²
7. 地下室建筑面积(V)	7.1 地下停车场建筑面积(V_1)	—	m²
	7.2 人防工程及其他设备用房建筑面积(V_2)	—	m²
8. 现有物业合法建筑面积(J)	8.1 现有商业合法建筑面积(J_1)	—	m²
	8.2 现有办公合法建筑面积(J_2)	—	m²
	8.3 现有居住合法建筑面积(J_3)	—	m²
	8.4 现有酒店合法建筑面积(J_4)	—	m²
	8.5 现有工业合法建筑面积(J_5)	127000	m²
	…		
9. 回迁物业建筑面积(P)	9.1 商业回迁物业建筑面积(P_1)	—	m²
	9.2 办公回迁物业建筑面积(P_2)	—	m²
	9.3 居住回迁物业建筑面积(P_3)	—	m²
	9.4 酒店回迁物业建筑面积(P_4)	—	m²
	9.5 其他功能回迁物业建筑面积(P_5)	—	m²
	…		m²
10. 融资开发规模(K)	10.1 商业物业融资开发规模(K_1)	20000	m²
	10.2 办公物业融资开发规模(K_2)	229068.5	m²
	10.3 居住物业融资开发规模(K_3)	75163.82	m²
	10.4 酒店物业融资开发规模(K_4)	—	m²
	10.5 其他功能物业融资开发规模(K_5)		m²
	10.6 可对外销售地下停车位个数(K_6)	—	个
	…		
11. 容积率(W)		5.37	
12. 计容积率建筑面积(规划)(X)		335133.86	m²

表 5 - 8 评估测算标准数据表

条目类别			值	单位
前期费用（B）	1. 土地成本（B_1）	1.1 按政策应补地价金额（B_{11}）		元
		1.2 按政策准予抵扣地价金额（B_{12}）	1200000000	元
		1.3 取得土地应支付的税费（B_{13}）		元
	2. 建筑物拆除成本（B_2）	2.1 拆除成本（B_{21}）	—	元
		2.2 回收成本（B_{22}）	—	元
	3. 货币补偿成本（B_3）	3.1 实物折算货币补偿（B_{31}）	—	元
		3.2 其他货币补偿（B_{32}） 3.2.1 临时安置成本（B_{321}）		元
		3.2.2 搬迁成本（B_{322}）		
		3.2.3 停产停业损失（B_{323}）		
		3.2.4 青苗补偿（B_{324}）		
		3.2.5 临时建筑物补偿（B_{325}）	—	
		3.2.6 地上附着物补偿（B_{326}）		
		3.2.7 不可预见费（B_{327}）		
		3.2.8 其他特殊补偿（B_{328}）		
		…		
	4. 更新涉及的其他前期费用（B_4）	4.1 土地勘测定界费用（B_{41}）		元
		4.2 房屋现状测量摸查（B_{42}）		
		4.3 更新单元规划方案编制费（B_{43}）	2500000	
		4.4 其他更新工作前期费用（B_{44}）		

续表 5 – 8

	条目类别	值	单位
建筑安装费用（C）	1. 回迁商业物业建筑安装工程费（C_1）	5600	元/m²
	2. 销售商业物业建筑安装工程费（C_2）	5600	元/m²
	3. 回迁办公物业建筑安装工程费（C_3）	5600	元/m²
	4. 销售办公物业建筑安装工程费（C_4）	5600	元/m²
	5. 回迁居住物业建筑安装工程费（C_5）	4000	元/m²
	6. 销售居住物业建筑安装工程费（C_6）	4000	元/m²
	7. 回迁酒店物业建筑安装工程费（C_7）	—	元/m²
	8. 销售酒店物业建筑安装工程费（C_8）	—	元/m²
	9. 回迁其他功能物业建筑安装工程费（C_9）	—	元/m²
	10. 销售其他功能物业建筑安装工程费（C_{10}）	—	元/m²
	11. 公租房建筑安装工程费（C_{11}）	4000	元/m²
	12. 公共服务设施建筑安装工程费（C_{12}）	2000	元/m²
	13. 地下停车场建筑安装工程费（C_{13}）	—	元/m²
	14. 人防及其他设备用房工程建筑安装工程费（C_{14}）	—	元/m²
	…		元/m²
装修费用（D）	1. 回迁商业物业装修费用（D_1）	—	元/m²
	2. 销售商业物业装修费用（D_2）	—	元/m²
	3. 回迁办公物业装修费用（D_3）	—	元/m²
	4. 销售办公物业装修费用（D_4）	—	元/m²
	5. 回迁居住物业装修费用（D_5）	—	元/m²
	6. 销售居住物业装修费用（D_6）	—	元/m²
	7. 回迁酒店物业装修费用（D_7）	—	元/m²
	8. 销售酒店物业装修费用（D_8）	—	元/m²
	9. 回迁其他功能物业装修费用（D_9）	—	元/m²
	10. 销售其他功能物业装修费用（D_{10}）	—	元/m²
	11. 公租房装修费用（D_{11}）	1000	元/m²
	12. 公共服务设施装修费用（D_{12}）	1000	元/m²
	13. 地下停车场装修费用（D_{13}）	—	元/m²
	14. 人防及其他设备用房工程装修费用（D_{14}）	—	元/m²
	…		

续表 5 - 8

条目类别		值	单位
参与测算相关费率	1. 项目开发管理费(G)	3%	元
	2. 销售费率(m)	2%	
	3. 销售税率(M)	20%	
	4. 利率(L)	4.75%	
	5. 开发周期(N)	3	年
物业开发完成后价值(Y)	1. 商业物业市场单价(Y_1)	40000	元/m²
	2. 办公物业市场单价(Y_2)	18000	元/m²
	3. 住宅物业市场单价(Y_3)	26000	元/m²
	4. 酒店物业市场单价(Y_4)	—	元/m²
	5. 其他功能物业市场单价(Y_5)	—	元/m²
	6. 可对外销售地下停车位单价(Y_6)	—	元/个
	...		

（1）预测开发完成后的房地产价值（I）。
$$I = 687749（万元）$$

（2）估算更新开发成本（T）。

项目更新总成本 = 前期费用 + 建筑安装工程费 + 精装修成本 + 管理费用 + 销售费用 + 投资利息。

即有，
$$T = 348708（万元）$$

（3）销售税费（U）。

销售税取物业开发完成后价值的 M，则销售税费为
$$U = 137550（万元）$$

（4）项目开发利润（Z）及成本利润率（R）。

项目税后利润 = 项目物业开发完成后价值 – 销售税费 – 项目更新总成本。

即有，
$$Z = I - U - T = 201491（万元）$$

项目税后成本利润率 = 项目税后利润/项目更新总成本 × 100%。
$$R = Z/T × 100\% = 57.78\%$$

5.2.2 拆建类旧城镇项目实证分析

案例一

1.经济评估申报方案

该项目经济评估申报方案具体情况如下。

(1)项目基础技术指标。

表 5 – 9 基础技术指标

地块	面积/m²	容积率	功能类别	计容面积/m²	地下室面积/m²	总建筑面积/m²	居民回迁补偿面积/m²
混合用地	6449	6.7	商业	3888.96	12963.21	56173.93	—
			办公	23765.89			—
			酒店	15555.86			—
居住用地	6899	5.0	住宅	32880.73	10348.53	44843.63	32460
			商业	1614.37			—

(2)项目收入预估。

本次方案按住宅、商业、办公出售,其他物业按自持的方式对项目进行经济评估,预计商业、住宅与办公销售期为三年,平均计算收入。预期销售额:根据以上的区域市场分析,近年珠海整体市场发展较为平稳,该项目三年后项目各物业销售价格预计为:商务办公 20000 元/m²,商业售价 40000 元/m²,住宅售价 22000 元/m²,统一计算估值及税基。

表 5 – 10 项目销售收入分析

序号	功能	单价/元	销售额/万元
1	住宅	22000	925.61
2	商业	40000	22013.32
3	办公	20000	47531.78
合计			70470.71

(3)项目成本核算与出售部分利润预估。

经过评估，项目总成本约为 93982.22 万元，销售总收益约为 70470.706 万元。亏损资金额度为：70470.706 - 93982.22 = -23511.51 万元

亏损部分需由酒店经营收益进行经济平衡。

（4）酒店年运营成本。

酒店物业资产价值计作 A，A = 8071 万元，可按下表 5 - 11 计算每年自持部分运营成本。

表 5 - 11　酒店年运营成本表

序号	费用项目	金额/万元	备注
一	运营成本	64.49	
1	设备维修	16.14	按固定资产的 0.5% 计算
2	水	8.76	120 t/d，2 元/t
3	电	7.3	200 kW·h/d，1 元/(kW·h)
4	物业管理费用	16.143	按建筑面积计算，5 元/m²
5	营销费用	16.143	按固定资产的 0.5% 计算
二	人员工资及福利	268	职工定员约 100 人，人年均工资 2 万元/人，年工资总额 = 100 × 2 = 200 万元，年福利费 = 年工资额 × 14% = 28 万元，年社保金 = 200 × 0.2 = 40 万元，共计 268 万元
三	其他不可预计费用	4.987	一般按照运营成本、员工工资及福利、摊销等费用总和的 1.5% 计算
合计		337.48	

（5）酒店年财务收入。

表 5 - 12　酒店年财务收入表

类别	面积/万 m²	标准	数量	年实现财务收入/万元	备注
酒店	1.556	标准商务客房单房面积为 45m²，75% 面积用作客房	248	2033.9625	单间均价按 300 元/晚，开房率按 75% 计算

（6）酒店年运营现金流量。

（7）项目年运营损益表。

表 5 - 13 酒店年运营现金流量表

序号	项目	第1年 2017	第2年 2018	第3年 2019	第4年 2020	第5年 2021	第6年 2022	第7年 2023	第8年 2024	第9年 2025	第10年 2026	第11年 2027	第12年 2028	第13年 2029
						酒店营运期								
1	财务收入/万元	2033.96	2135.66	2242.44	2354.57	2472.29	2595.91	2725.70	2861.99	3005.09	3155.34	3313.11	3478.77	3652.70
2	税费 (1×17%)/万元	345.77	363.06	381.22	400.28	420.29	441.30	463.37	486.54	510.87	536.41	563.23	591.39	620.96
3	总运营成本费用/万元	337.48	337.48	337.48	347.60	358.03	368.77	379.83	391.23	402.96	415.05	427.50	440.33	453.54
4	税前利润 (1-3)/万元	1696.49	1798.19	1904.97	2006.97	2114.27	2227.14	2345.87	2470.76	2602.13	2740.29	2885.61	3038.44	3199.17
5	可分配利润总额 (1-2-3)/万元	1350.71	1435.12	1523.75	1606.69	1693.98	1785.84	1882.50	1984.22	2091.26	2203.88	2322.38	2447.05	2578.21
6	累计可分配利润/万元	1350.71	2786	4310	5916	7610	9396	11279	13263	15354	17558	19880	22327	24906
7	累计税前利润/万元	1696.49	3494.67	5399.64	7406.61	9520.87	11748.01	14093.8	16564.6	19166.77	21907.06	24792.67	27831.1	31030.2

表 5 – 14 项目年运营损益表

序号	项目	第 1 年 2018	第 2 年 2019	第 3 年 2020	第 4 年 2021	第 5 年 2022	第 6 年 2023	第 7 年 2024	第 8 年 2025	第 9 年 2026	第 10 年 2027	第 11 年 2028	第 12 年 2029	第 13 年 2030
							项目营运期							
1	酒店运营可分配利润/万元	1350.71	1435.12	1606.69	1523.75	1693.98	1785.84	1882.50	1984.22	2091.26	2203.88	2322.38	2447.05	2578.21
2	住宅/办公/商业销售利润/万元		−7837.17	−7837.17										
3	每年税后利润/万元	−6486	−6402	1607	−6313	1694	1786	1883	1984	2091	2204	2322	2447	25781
4	累计税后利润/万元	−6486	−12889	−17595	−19202	−15901	−14115	−12233	−10249	−8157	−5954	−3631	−1184	1394

项目盈亏平衡点为 23511.51 万元, 第 13 年累计利润即能达到盈亏平衡。

(8) 小结。

本项目实际投入约为 9.4 亿元, 通过办公、商业销售, 部分资金回笼, 但前期整体呈亏损状态, 亏损资金达 23511.51 万元, 通过后期酒店经营回笼, 酒店经营第 13 年能达到整体盈亏平衡。

2. 应用模型(系统)测算评估结果

具体情况如下表 5 – 15、表 5 – 16 所示。

表 5 – 15 基本条目类别标准数据表

条目类别		值	单位
1. 项目类别(F)	1.1 旧工业(F_1)		
	1.2 旧城镇(F_2)		
2. 项目原用地面积(A)		16358.24	m²
3. "补公"面积(E)	3.1 "补公"用地面积(E_1)	3010.24	m²
	3.2 立体"补公"建筑面积(E_2)	—	m²
4. 配建公租房面积(O)		—	m²
5. 公共服务设施等其他建筑面积(Q)		—	m²
6. 项目可建设用地(扣除"补公")面积(H)		13348	m²
7. 地下室建筑面积(V)	7.1 地下停车场建筑面积(V_1)	—	m²
	7.2 人防工程及其他设备用房建筑面积(V_2)	—	m²
8. 现有物业合法建筑面积(J)	8.1 现有商业合法建筑面积(J_1)	—	m²
	8.2 现有办公合法建筑面积(J_2)	—	m²
	8.3 现有居住合法建筑面积(J_3)	32460	m²
	8.4 现有酒店合法建筑面积(J_4)	—	m²
	8.5 现有工业合法建筑面积(J_5)	—	m²
	…		
9. 回迁物业建筑面积(P)	9.1 商业回迁物业建筑面积(P_1)	—	m²
	9.2 办公回迁物业建筑面积(P_2)	—	m²
	9.3 居住回迁物业建筑面积(P_3)	32460	m²
	9.4 酒店回迁物业建筑面积(P_4)	—	m²
	9.5 其他功能回迁物业建筑面积(P_5)	—	m²
	…		

续表 5 - 15

条目类别		值	单位
10. 融资开发规模(K)	10.1 商业物业融资开发规模(K_1)	5503.33	m²
	10.2 办公物业融资开发规模(K_2)	23765.89	m²
	10.3 居住物业融资开发规模(K_3)	420.73	m²
	10.4 酒店物业融资开发规模(K_4)	15555.86	m²
	10.5 其他功能物业融资开发规模(K_5)	—	m²
	10.6 可对外销售地下停车位个数(K_6)	—	个
	…		
11. 容积率(W)		5.82	
12. 计容积率建筑面积(规划)(X)		77705.81	m²

表 5 - 16 评估测算标准数据表

条目类别			值	单位
前期费用(B)	1. 土地成本(B_1)	1.1 按政策应补地价金额(B_{11})		元
		1.2 按政策准予抵扣地价金额(B_{12})	230000000	元
		1.3 取得土地应支付的税费(B_{13})		元
	2. 建筑物拆除成本(B_2)	2.1 拆除成本(B_{21})	—	元
		2.2 回收成本(B_{22})	—	元
	3. 货币补偿成本(B_3)	3.1 实物折算货币补偿(B_{31})	—	元
		3.2 其他货币补偿(B_{32}) 3.2.1 临时安置成本(B_{321})	35706000	元
		3.2.2 搬迁成本(B_{322})		
		3.2.3 停产停业损失(B_{323})		
		3.2.4 青苗补偿(B_{324})		
		3.2.5 临时建筑物补偿(B_{325})		
		3.2.6 地上附着物补偿(B_{326})		
		3.2.7 不可预见费(B_{327})		
		3.2.8 其他特殊补偿(B_{328})		
		…		
	4. 更新涉及的其他前期费用(B_4)	4.1 土地勘测定界费用(B_{41})		元
		4.2 房屋现状测量摸查(B_{42})		
		4.3 更新单元规划方案编制费(B_{43})	2000000	
		4.4 其他更新工作前期费用(B_{44})		

续表 5 – 16

条目类别		值	单位
建筑安装费用（C）	1. 回迁商业物业建筑安装工程费（C_1）	5600	元/m²
	2. 销售商业物业建筑安装工程费（C_2）	5600	元/m²
	3. 回迁办公物业建筑安装工程费（C_3）	5600	元/m²
	4. 销售办公物业建筑安装工程费（C_4）	5600	元/m²
	5. 回迁居住物业建筑安装工程费（C_5）	4500	元/m²
	6. 销售居住物业建筑安装工程费（C_6）	4500	元/m²
	7. 回迁酒店物业建筑安装工程费（C_7）	6000	元/m²
	8. 销售酒店物业建筑安装工程费（C_8）	6000	元/m²
	9. 回迁其他功能物业建筑安装工程费（C_9）	—	元/m²
	10. 销售其他功能物业建筑安装工程费（C_{10}）	—	元/m²
	11. 公租房建筑安装工程费（C_{11}）	—	元/m²
	12. 公共服务设施建筑安装工程费（C_{12}）	—	元/m²
	13. 地下停车场建筑安装工程费（C_{13}）	—	元/m²
	14. 人防及其他设备用房工程建筑安装工程费（C_{14}）	—	元/m²
	…		元/m²
装修费用（D）	1. 回迁商业物业装修费用（D_1）	—	元/m²
	2. 销售商业物业装修费用（D_2）	—	元/m²
	3. 回迁办公物业装修费用（D_3）	1000	元/m²
	4. 销售办公物业装修费用（D_4）	1000	元/m²
	5. 回迁居住物业装修费用（D_5）	1000	元/m²
	6. 销售居住物业装修费用（D_6）	1000	元/m²
	7. 回迁酒店物业装修费用（D_7）	—	元/m²
	8. 销售酒店物业装修费用（D_8）	2000	元/m²
	9. 回迁其他功能物业装修费用（D_9）	—	元/m²
	10. 销售其他功能物业装修费用（D_{10}）	—	元/m²
	11. 公租房装修费用（D_{11}）	—	元/m²
	12. 公共服务设施装修费用（D_{12}）	—	元/m²
	13. 地下停车场装修费用（D_{13}）	—	元/m²
	14. 人防及其他设备用房工程装修费用（D_{14}）	—	元/m²
	…		

续表 5 – 16

条目类别		值	单位
参与测算相关费率	1. 项目开发管理费(G)	3%	元
	2. 销售费率(m)	2%	
	3. 销售税率(M)	20%	
	4. 利率(L)	4.75%	
	5. 开发周期(N)	3	年
物业开发完成后价值(Y)	1. 商业物业市场单价(Y_1)	50000	元/m²
	2. 办公物业市场单价(Y_2)	20000	元/m²
	3. 住宅物业市场单价(Y_3)	28000	元/m²
	4. 酒店物业市场单价(Y_4)	15000	元/m²
	5. 其他功能物业市场单价(Y_5)	—	元/m²
	6. 可对外销售地下停车位单价(Y_6)	—	元/个
	…		

(1)预测开发完成后的房地产总价值(I)(含自持物业部分)。
$$I = 99560(万元)$$

(2)估算更新总成本(T)。

项目更新总成本 = 前期费用 + 土建安装成本 + 装修成本 + 管理费用 + 投资利息 + 销售费用。即有:
$$T = 87468(万元)$$

(3)销售税费(U)。

销售税取物业开发完成后价值的 M,则销售税费为:
$$U = 19912(万元)$$

(4)项目利润(Z)和成本利润率(R)。

项目税后利润 = 项目开发总价值 – 销售税费 – 项目更新总成本。即有:
$$Z = I - U - T = -7820(万元)$$

项目税后成本利润率 = 项目税后利润/项目更新总成本。
$$R = Z/T \times 100\% = -8.94\%$$

案例二

1. 经济评估申报方案

该项目经济评估申报方案主要包括两个部分,即基础技术指标与经济可行性分析,具体情况如下。

(1)基础技术指标。

表 5 - 17　基础技术指标

项目	面积	单位	备注
更新单元面积	111610	m²	
扣除补公后占地面积	89891	m²	
总建筑面积	813259	m²	
容积率	6.6		
计容建筑面积	593359	m²	含地下商业面积
商业	269565	m²	
办公	232413	m²	
居住	50901	m²	
酒店	40165	m²	
公共配套设施	315	m²	
海滨南路下穿隧道	1360	m	主路两层双向四车道,总计约为 1360 m,项目范围内约为 900 m
地下室(设备房)	219900	m²	
补偿面积	180123	m²	
补偿商业面积	170792	m²	
补偿办公面积	9331	m²	

(2)成本估算。

根据方案技术经济指标,结合投入成本构成,投资总额见表 5 - 18。

表 5-18　投资成本估算表

序号	项　目	计算基础/m²	计算基础/m²	合计/万元	备注
一	开发成本			1346505	按总建筑面积
1	土地成本			412673	
1.1	地价			283602	
1.2	拆迁补偿费用			129071	营业户清退费及管线拆迁等,详见搬迁补偿费表
2	建筑安装综合成本			758265	
2.1	桩基工程			67560	
	其中:基坑支护、土方开挖	291911 m²	1200 元/m²	35029	按地下总建筑面积计算
	桩基础	813259 m²	400 元/m²	32530	按总建筑面积(不含 A3 区)计算
2.2	基础设施及配套工程			12390	
	其中:广场	9800 m²	2000 元/m²	1960	
	海滨南路下穿隧道	1360 m²	20000 元/m²	2720	主路负二层双向四车道
	电车车站-A1	2000 m²	5000 元/m²	1000	
	A3 公交车站停车场	13666 m²	3800 元/m²	5193	
	A3 区园林景观	13786 m²	1100 元/m²	1516	暂按 A3 区土地面积计算
2.3	地上建筑	535014 m²	10349 元/m²	553661	按地上计容建筑面积计算
	其中:商业	211221 m²	7000 元/m²	147854	
	其中:购物中心	208168 m²	7000 元/m²	145718	含 2000 元/m² 装修
	风情商业街	3053 m²	7000 元/m²	2137	
	写字楼	154185 m²	10399 元/m²	160342	
	其中:1 号标志性塔楼	76952 m²	10800 元/m²	83108	内部毛坯、含中央空调、公共区域精装修
	2 号楼	77233 m²	10000 元/m²	77233	

续表 1 - 18

序号	项 目	计算基础	计算基础	合计/万元	备注
	酒店			80330	
	其中：1 号标志性塔楼	40165 m²	20000 元/m²	80330	精品五星，参考十字门 IFC 工程概算瑞吉酒店部分，该区域机电及装修费用较高
	住宅和公寓	129129 m²	26000 元/m²	165134	
	其中：1 号标志性塔楼	50901 m²	14000 元/m²	71262	含 4000 元/m² 精装修
	3 号楼	78227 m²	12000 元/m²	93873	含 3000 元/m² 精装修
2.4	公共配套	315 m²	8000 元/m²	252	
2.5	地下室	278245 m²	4471 元/m²	124403	按地下建筑面积计算
	其中：地下商场	58345 m²	7000 元/m²	40841	含 2000 元/m² 精装修
	地下停车场及其他	219900 m²	3800 元/m²	83562	3225 个停车位，不含 A2、A3 区
3	二类费用	758265 万元	10%	75826	主要指勘察、可行性研究、规划设计费、工程报建费、工程监理费、工程造价咨询费等
4	不可预见费用	1246764 万元	8%	99741	按 1~3 项
二	开发费用			240814	按地上计容建筑面积计算
5	企业管理费	1346505 万元	5%	67325	按 1~4 项
6	营销费用	1682857 万元	3%	50486	销售费用、招商运营费用统一按总收入 3% 计
7	财务费用	1025021 万元	8%	123003	按估算银行贷款 70% 计算，估计贷款利率 8%，3 年期滚动开发
三	开发总投资			1587319	一、二项之和

（3）收入估算。

根据规划区总规划规模，扣除补偿及补公面积，剩余可经营/可销售物业根据单位面积收益/售价估算总收入，估算见下表 5 – 19。

表 5 – 19　收入估算一览表

序号	项目	计算基础	计算基础	合计/万元
1	商品房销售收入			1103578
	其中：商业			27473
	其中：风情商业街	3053 m²	90000 元/m²	27473
	写字楼			547288
	其中：1 号标志性塔楼	76952 m²	38000 元/m²	292418
	2 号楼——SOHO 办公	77233 m²	33000 元/m²	254870
	住宅和公寓			524893
	其中：1 号标志性塔楼（330 m）	50901 m²	48000 元/m²	244325
	3 号楼	68896 m²	40000 元/m²	275584
	住宅停车位	356 m²	250000 元/个	8908
2	购物中心租金收益	64487 m²	47427 元/m²	305840
3	地下商场租金收益	31234 m²	54723 元/m²	170925
4	酒店经营收益	40165 m²	22896 元/m²	91962
5	车位租赁收益（扣除可售及补偿后）	3414 个	80000 元/个	27310
6	公摊收入	315 m²	39107 元/个	1231
	总收入汇总			1700846

（4）相关税费估算。

规划区开发、营销过程中将产生增值税及附加、土地增值税、企业所得税等相关税费，因本次投资估算收益按税前利润率估算，故无需测算企业所得税。各税费估算额度如下表 5 – 20 所示。

表 5-20　相关税费估算一览表

序号	名称	计算基数	税率	总额/万元
一	销项税额	1417243 万元	11.00%	155897
	进项税额			98025
	建筑施工方	822172 万元	11.00%	90082
	服务方(二类费)	132659 万元	6.00%	7943
	附加税	57413 万元	12.00%	6945
	增值税及附加			64817
二	土地增值税	1108560 万元	3.00%	33107
	汇总	—	—	97924

(5)综合估算。

总成本(土地取得成本 + 建设成本 + 营销费用 + 投资利息 + 不可预见费 + 管理费用 + 其他)为1587319万元人民币,总收入为1700844万元人民币,总利润为15602万元人民币。

税前成本利润率为:

$$成本利润率 = 毛利润 \div 总成本 = 0.98\%$$

表 5-21　静态损益一览表

项目	金额/万元
一、收入(销售收入 + 运营收益)	1700846
二、成本费用	1587319
1. 地价及契税	283602
2. 拆迁补偿成本	129071
3. 建筑安装费	834091
4. 管理费	67325
5. 不可预见费	99741
6. 营销费用	50846
7. 投资利息	123003
三、相关税费	97924
1. 增值税及附加	64817
2. 土地增值税	33107
四、利润	15604
五、成本利润率	0.98%

注:鉴于规划区更新改造属于城市更新单元工程的重点项目,代表珠海市城市形象,建设标准较高,因此建设成本较高,成本利润率处于较低水平。

2. 应用模型（系统）测算评估结果

具体情况如下表 5 - 22、表 5 - 23 所示。

表 5 - 22　基本条目类别标准数据表

条目类别		值	单位
1. 项目类别（F）	1.1 旧工业（F_1）		
	1.2 旧城镇（F_2）		
2. 项目原用地面积（A）		111609.79	m²
3. "补公"面积（E）	3.1 "补公"用地面积（E_1）	—	m²
	3.2 立体"补公"建筑面积（E_2）	—	m²
4. 配建公租房面积（O）		—	m²
5. 公共服务设施等其他建筑面积（Q）		—	m²
6. 项目可建设用地（扣除"补公"）面积（H）		89891.47	m²
7. 地下室建筑面积（V）	7.1 地下停车场建筑面积（V_1）	219900	m²
	7.2 人防工程及其他设备用房建筑面积（V_2）	—	m²
8. 现有物业合法建筑面积（J）	8.1 现有商业合法建筑面积（J_1）	—	m²
	8.2 现有办公合法建筑面积（J_2）	—	m²
	8.3 现有居住合法建筑面积（J_3）	—	m²
	8.4 现有酒店合法建筑面积（J_4）	—	m²
	8.5 现有工业合法建筑面积（J_5）	—	m²
	…		
9. 回迁物业建筑面积（P）	9.1 商业回迁物业建筑面积（P_1）	170792	m²
	9.2 办公回迁物业建筑面积（P_2）	9331	m²
	9.3 居住回迁物业建筑面积（P_3）	—	m²
	9.4 酒店回迁物业建筑面积（P_4）	—	m²
	9.5 其他功能回迁物业建筑面积（P_5）	—	m²
	…		m²

续表 5 – 22

条目类别		值	单位
10. 融资开发规模（K）	10.1 商业物业融资开发规模（K_1）	98773	m²
	10.2 办公物业融资开发规模（K_2）	223082	m²
	10.3 居住物业融资开发规模（K_3）	50901	m²
	10.4 酒店物业融资开发规模（K_4）	40165	m²
	10.5 其他功能物业融资开发规模（K_5）	—	m²
	10.6 可对外销售地下停车位个数（K_6）	3609	个
	…		
11. 容积率（W）		6.6	
12. 计容积率建筑面积（规划）（X）		593359	m²

表 5 – 23　评估测算标准数据表

条目类别			值	单位
前期费用（B）	1. 土地成本（B_1）	1.1 按政策应补地价金额（B_{11}）	3000000000	元
		1.2 按政策准予抵扣地价金额（B_{12}）		元
		1.3 取得土地应支付的税费（B_{13}）		元
	2. 建筑物拆除成本（B_2）	2.1 拆除成本（B_{21}）	—	元
		2.2 回收成本（B_{22}）	—	元
	3. 货币补偿成本（B_3）	3.1 实物折算货币补偿（B_{31}）	—	元
		3.2 其他货币补偿（B_{32}） 3.2.1 临时安置成本（B_{321}）	1300000000	元
		3.2.2 搬迁成本（B_{322}）		
		3.2.3 停产停业损失（B_{323}）		
		3.2.4 青苗补偿（B_{324}）		
		3.2.5 临时建筑物补偿（B_{325}）		
		3.2.6 地上附着物补偿（B_{326}）		
		3.2.7 不可预见费（B_{327}）		
		3.2.8 其他特殊补偿（B_{328}）		
		…		
	4. 更新涉及的其他前期费用（B_4）	4.1 土地勘测定界费用（B_{41}）	3000000	元
		4.2 房屋现状测量摸查（B_{42}）		
		4.3 更新单元规划方案编制费（B_{43}）		
		4.4 其他更新工作前期费用（B_{44}）		

续表 5 - 23

	条目类别	值	单位
建筑安装费用（C）	1. 回迁商业物业建筑安装工程费（C_1）	5000	元/m^2
	2. 销售商业物业建筑安装工程费（C_2）	5000	元/m^2
	3. 回迁办公物业建筑安装工程费（C_3）	8000	元/m^2
	4. 销售办公物业建筑安装工程费（C_4）	8000	元/m^2
	5. 回迁居住物业建筑安装工程费（C_5）	8000	元/m^2
	6. 销售居住物业建筑安装工程费（C_6）	8000	元/m^2
	7. 回迁酒店物业建筑安装工程费（C_7）	10000	元/m^2
	8. 销售酒店物业建筑安装工程费（C_8）	10000	元/m^2
	9. 回迁其他功能物业建筑安装工程费（C_9）	—	元/m^2
	10. 销售其他功能物业建筑安装工程费（C_{10}）	—	元/m^2
	11. 公租房建筑安装工程费（C_{11}）	—	元/m^2
	12. 公共服务设施建筑安装工程费（C_{12}）	—	元/m^2
	13. 地下停车场建筑安装工程费（C_{13}）	3500	元/m^2
	14. 人防及其他设备用房工程建筑安装工程费（C_{14}）	—	元/m^2
	…		元/m^2
装修费用（D）	1. 回迁商业物业装修费用（D_1）	2000	元/m^2
	2. 销售商业物业装修费用（D_2）	2000	元/m^2
	3. 回迁办公物业装修费用（D_3）	—	元/m^2
	4. 销售办公物业装修费用（D_4）	—	元/m^2
	5. 回迁居住物业装修费用（D_5）	3000	元/m^2
	6. 销售居住物业装修费用（D_6）	3000	元/m^2
	7. 回迁酒店物业装修费用（D_7）	5000	元/m^2
	8. 销售酒店物业装修费用（D_8）	5000	元/m^2
	9. 回迁其他功能物业装修费用（D_9）	—	元/m^2
	10. 销售其他功能物业装修费用（D_{10}）	—	元/m^2
	11. 公租房装修费用（D_{11}）	—	元/m^2
	12. 公共服务设施装修费用（D_{12}）	—	元/m^2
	13. 地下停车场装修费用（D_{13}）	300	元/m^2
	14. 人防及其他设备用房工程装修费用（D_{14}）	—	元/m^2
	…		

续表 5 - 23

条目类别		值	单位
参与测算相关费率	1. 项目开发管理费(G)	3%	元
	2. 销售费率(m)	2%	
	3. 销售税率(M)	20%	
	4. 利率(L)	4.75%	
	5. 开发周期(N)	3	年
物业开发完成后价值(Y)	1. 商业物业市场单价(Y_1)	60000	元/m²
	2. 办公物业市场单价(Y_2)	33000	元/m²
	3. 住宅物业市场单价(Y_3)	45000	元/m²
	4. 酒店物业市场单价(Y_4)	25000	元/m²
	5. 其他功能物业市场单价(Y_5)	—	元/m²
	6. 可对外销售地下停车位单价(Y_6)	150000	元/个
	…		

（1）预测开发完成后的房地产价值(I)。
$$I = 1613638（万元）$$
（2）估算更新开发成本(T)。

项目更新总成本 = 土地取得成本 + 货币补偿成本 + 其他货币补偿成本 + 地上建筑物拆除成本 + 其他前期费用 + 建筑安装工程费 + 精装修成本 + 管理费用 + 销售费用 + 投资利息。即有：
$$T = 1057681（万元）$$
（3）销售税费(U)。

销售税取物业开发完成后价值的 M，则销售税费为：
$$U = 322727（万元）$$
（4）项目开发利润(Z)和成本利润率(R)。

项目税后利润 = 项目物业开发完成后价值 - 销售税费 - 项目更新总成本。即有：
$$Z = I - U - T = 233229（万元）$$
项目税后成本利润率 = 项目税后利润/项目更新总成本 × 100%。
$$R = Z/T × 100\% = 22.05\%$$

5.2.3　拆建类"烂尾楼"项目实证分析

案例一

1.经济评估申报方案

该项目经济评估申报方案主要包括两个部分，即基础技术指标与经济测算，具体情况如下。

（1）基础技术指标。

表 5 – 24　基础技术指标

项目	地块一	地块二	总指标
用地性质	居住用地	居住用地	居住用地
用地面积/m²	8814.34	2949.32	11763.66
容积率	5.02	4.84	4.97
建筑面积/m²	44218.44	14284.85	58503.29
停车位配建/个	363	116	479
配套设施	—	—	—
备注	商业功能比例 ≤10%	商业功能比例 ≤7%	商业功能比例 ≤9.5%

（2）经济测算。

表 5 - 25　经济可行性分析

斗门皇家花园改造项目经济算表（按报建面积 58503.29 m² 计算）

项目	业态		现状及规划情况	建设单价/(元·m⁻²)	总额/亿元	合计/亿元
收益	建筑可销售额	住宅（含公寓）	总建筑面积 52961.43 m²	10800（由正拓评估公司提供）	52961.43×10800=5.69	5.69+0.75=6.44
		商业	首层商业建筑面积 2770.93 m²，二层商业建筑面积 2770.93 m²	首层商业单价 17300 m²，二层商业单价 9600 m²（由正拓评估公司提供）	2770.93×17300+2770.93×9600≈0.75	
	建设成本	地上建筑部分	总建筑面积 58803.29 m²	4000（由市住规建局提供）	58503.29×4000≈2.34	2.34+0.65=2.99
		地下建筑部分	总建筑面积 14340.28 m²	4500（由市住规建局提供）	14340.28×4500≈0.65	
	地价	超出原报建建筑面积	原报建建筑面积 42719 m²，现规划方案建筑面积 58503.29 m²，超出原报建建筑面积为：58503.29-42719=15784.29 m²	1000（由国土局提供）	15784.29×1000≈0.16	0.16
成本	地价					3.21（由珠海市斗门皇家房产开发有限公司提供）
	债务					2.75（由广东鑫光土地房地产与资产评估咨询有限公司提供）

利润

6.44-2.99-3.21-0.16=0.08，回报率为 0.08/6.36=1.26%，三家评估机构土地市场价值平均值为 1.97 亿元（债务由珠海市斗门皇家房产开发有限公司提供）

6.44-2.99-2.75-0.16=0.54，回报率为 0.54/5.9=9.15%，综合三家评估机构土地市场值平均值为 1.97 亿元，建设后结算地价为 19700000/58503.29=3367.33 元，原地价为 19700000/42719=4590.26 元（债务由广东鑫光土地房地产与资产评估咨询有限公司提供）

2. 应用模型(系统)测算评估结果

具体情况如下表 5 - 26、表 5 - 27 所示。

表 5 - 26　基本条目类别标准数据表

条目类别		值	单位
1. 项目类别(F)	烂尾楼		
2. 项目原用地面积(A)		18046.33	m²
3. "补公"面积(E)	3.1 "补公"用地面积(E_1)	6282.67	m²
	3.2 立体"补公"建筑面积(E_2)	—	m²
4. 公共服务设施等其他建筑面积(Q)		—	m²
5. 项目可建设用地(扣除"补公")面积(H)		11763.66	m²
6. 现有物业合法建筑面积(J)	6.1 现有商业合法建筑面积(J_1)	—	m²
	6.2 现有办公合法建筑面积(J_2)	—	m²
	6.3 现有居住合法建筑面积(J_3)	原报建 42719, 已建 38000	m²
	6.4 现有酒店合法建筑面积(J_4)	—	m²
	6.5 现有工业合法建筑面积(J_5)	—	m²
	…		m²
7. 地下室建筑面积(V)	7.1 地下停车场建筑面积(V_1)	14340.28	m²
	7.2 人防工程及其他设备用房建筑面积(V_2)	—	m²
8. 回迁物业建筑面积(P)	8.1 商业回迁建筑面积(P_1)	—	m²
	8.2 办公回迁建筑面积(P_2)	—	m²
	8.3 居住回迁建筑面积(P_3)	—	m²
	8.4 酒店回迁建筑面积(P_4)	—	m²
	8.5 工业回迁建筑面积(P_5)	—	m²
	8.6 其他功能回迁建筑面积(P_6)	—	m²
	…		

续表 5 - 26

条目类别		值	单位
9. 融资开发规模（K）	9.1 商业物业融资开发规模（K_1）	5541.86	m²
	9.2 公寓物业融资开发规模（K_2）	—	m²
	9.3 居住物业融资开发规模（K_3）	52961.43	m²
	9.4 酒店物业融资开发规模（K_4）	—	m²
	9.5 工业物业融资开发规模（K_5）	—	m²
	9.6 其他功能物业融资开发规模（K_6）	—	m²
	9.7 可对外销售地下停车位个数（K_7）	—	个
	…		
8. 容积率（W）		4.97	
9. 计容积率建筑面积（规划）（X）		58503.29	m²

表 5 - 27 评估测算标准数据表

条目类别			值	单位
前期费用（B）	1. 土地成本（B_1）	1.1 原欠缴地价本金及相应的利息、滞纳金（B_{11}）	—	元
		1.2 续建、重建涉及改变用地功能或增加建筑面积计收地价（B_{12}）	16000000	元
		1.3 取得土地应支付的税费（B_{13}）	480000	元
	2. 建筑物拆除成本（B_2）	2.1 拆除成本（B_{21}）	—	元
		2.2 回收成本（B_{22}）	—	元
	3. 货币补偿成本（B_3）	3.1 债权债务（B_{31}）	321405203	元
		3.2 不可预见费（B_{32}）	—	
		3.3 其他特殊补偿（B_{33}）	—	
		…		
	4. 更新涉及的其他前期费用（B_4）	4.1 土地勘测定界费用（B_{41}）	1500000	元
		4.2 房屋现状测量摸查（B_{42}）		
		4.3 更新单元规划方案编制费（B_{43}）		
		4.4 其他更新工作前期费用（B_{44}）		

续表 5 - 27

条目类别		值	单位
建筑安装费用（C）	1. 回迁商业物业建筑安装工程费（C_1）	4000	元/m²
	2. 销售商业物业建筑安装工程费（C_2）	4000	元/m²
	3. 回迁办公物业建筑安装工程费（C_3）	4000	元/m²
	4. 销售办公物业建筑安装工程费（C_4）	4000	元/m²
	5. 回迁居住物业建筑安装工程费（C_5）	4000	元/m²
	6. 销售居住物业建筑安装工程费（C_6）	4000	元/m²
	7. 回迁酒店物业建筑安装工程费（C_7）	—	元/m²
	8. 销售酒店物业建筑安装工程费（C_8）	—	元/m²
	9. 回迁工业物业建筑安装工程费（C_9）	—	元/m²
	10. 销售工业物业建筑安装工程费（C_{10}）	—	元/m²
	11. 回迁其他功能物业建筑安装工程费（C_{11}）	—	元/m²
	12. 销售其他功能物业建筑安装工程费（C_{12}）	—	元/m²
	13. 公共服务设施建筑安装工程费（C_{13}）	—	元/m²
	14. 地下停车场建筑安装工程费（C_{14}）	2500	元/m²
	15. 人防工程及其他设备用房建筑安装工程费（C_{15}）	—	元/m²
	…		
装修费用（D）	1. 回迁商业物业装修费用（D_1）	—	元/m²
	2. 销售商业物业装修费用（D_2）	—	元/m²
	3. 回迁办公物业装修费用（D_3）	—	元/m²
	4. 销售办公物业装修费用（D_4）	—	元/m²
	5. 回迁居住物业装修费用（D_5）	—	元/m²
	6. 销售居住物业装修费用（D_6）	—	元/m²
	7. 回迁酒店物业装修费用（D_7）	—	元/m²
	8. 销售酒店物业装修费用（D_8）	—	元/m²
	9. 回迁工业物业装修费用（D_9）	—	元/m²
	10. 销售工业物业装修费用（D_{10}）	—	元/m²
	11. 回迁其他功能物业装修费用（D_{11}）	—	元/m²
	12. 销售其他功能物业装修费用（D_{12}）	—	元/m²
	13. 公共服务设施装修费用（D_{13}）	—	元/m²
	14. 地下停车场装修费用（D_{14}）	300	元/m²
	15. 人防工程及其他设备用房装修费用（D_{15}）	—	元/m²
	…		

续表 5-27

条目类别		值	单位
参与测算相关费率	1. 项目开发管理费(G)	3%	元
	2. 销售费率(m)	2%	
	3. 销售税率(M)	20%	
	4. 利率(L)	4.75%	
	5. 开发周期(N)	3	年
物业开发完成后价值(Y)	1. 商业物业市场单价(Y_1)	19000	元/m²
	2. 办公物业市场单价(Y_2)	—	元/m²
	3. 住宅物业市场单价(Y_3)	15000	元/m²
	4. 酒店物业市场单价(Y_4)	—	元/m²
	5. 工业物业市场单价(Y_5)	—	元/m²
	6. 其他功能物业市场单价(Y_6)	—	元/m²
	7. 可对外销售地下停车位单价(Y_7)	—	元/个
	…		

（1）估算开发完成后的房地产总价值（I）（含自持物业部分）。

$$I = 89971（万元）$$

（2）估算更新总成本（T）。

项目更新总成本 = 前期费用 + 土建安装成本 + 装修成本 + 管理费用 + 投资利息 + 销售费用。即有：

$$T = 72221（万元）$$

（3）销售税费（U）。

销售税取物业开发完成后价值的 M，则销售税费为：

$$U = 17994（万元）$$

（4）项目利润（Z）和成本利润率（R）。

项目税后利润 = 项目物业开发完成后价值 − 销售税费 − 项目更新总成本。即有：

$$Z = I - U - T = -243（万元）$$

项目税后成本利润率：

$$R = Z/T \times 100\% = -0.34\%$$

5.3 分析总结

由以上城市更新项目案例可以发现，城市更新经济评估申报方案多存在以下问题：

（1）项目城市更新经济评估申报方案组织形式、标准不统一，如作为项目审查审批重要依据的利润、利润率指标，只有案例二、案例四的概念及计算方法一致，五个案例的利润、利润率指标的测算参数详尽不一。

（2）上述案例均能应用建立的城市更新经济评估模型开展经济测算评估，且方法、标准（包括参数标准和成果标准）统一。

（3）城市更新项目经济评估方案的利润和利润率指标为项目审查审批的重要依据，物业开发完成后的价值和更新成本则为项目利润和成本利润率测算的核心指标，上述五个案例均不同程度地存在申报方案物业开发完成后的价值低于应用模型的测评结果、更新成本高于应用模型的测评结果的情况（表 5-28），具体如下：

①案例一物业开发完成后的价值远低于应用模型的测评结果，而更新成本则高于实际测评结果，相应的利润和成本利润率指标都远低于应用模型的测评结果。

②案例二申报方案中将销售税费计入更新总成本，为了方便对比，应用模型的测评结果中也将销售税费计入更新总成本。可以发现，物业开发完成后的价值低于实际测评结果，更新成本高于实际测评结果，利润和成本利润率指标都低于实际测评结果。

③案例三申报方案未明确销售税费情况，但物业开发完成后的价值低于应用模型的测评结果，更新成本高于应用模型的测评结果。

④案例四申报方案物业开发完成后的价值与实际评估结果相近，但是更新成本远高于应用模型的测评结果，相应的项目利润和成本利润率都低于应用模型的测评结果。

⑤案例五申报方案未明确销售税费数据，更新成本与应用模型的测评结果相近，但物业开发完成后的价值远低于应用模型的测评结果。

表 5-28　申报方案与应用模型的测评结果对比

案例	申报经济指标				应用模型的测评结果			
	物业开发完成后价值/万元	更新成本/万元	利润/万元	成本利润率/%	物业开发完成后价值/万元	更新成本/万元	利润/万元	成本利润率/%
案例一	313824	255546	34428	13.47	353631	170668	112236	65.76
案例二	599317	579177（含销售税费）	20140	3.48	687749	486258（含销售税费）	201491	41.44
案例三	78542	93982	—	—	99560	87468	-7820	-8.94
案例四	1700844	1587319	15602	0.98	1613638	1057681	233229	22.05
案例五	64400	63600	—	—	89971	72221	-243	-0.34

注：案例二中的申报方案和实际评估结果的更新成本包含了销售税费。

5.4　本章小结

　　本章结合城市更新内容与方式，选取了五个城市更新项目案例进行实例验证，结果证明：①建立的城市更新经济评估模型能适用于较复杂的旧城镇、旧工业拆除重建类更新改造项目（含"烂尾楼"项目）的城市更新经济测算评估；②建立的城市更新经济评估测算模型能解决现有的城市更新工作中存在的经济评估申报方案组织形式、数据标准不统一的问题；③城市更新经济评估模型因为建立在详尽的经济测算评估参数基础之上，一定程度上保障了测算结果的合理性、准确性，为城市更新项目规划方案的科学编制提供了支撑。

第 6 章 研究结论与展望

6.1 主要研究成果

本书在整理城市更新发展历程、总结城市更新经济评估工作机制、分析当前工作存在问题的基础上，对城市更新中的经济评估工作进行了研究，创造性地提出了一种经济评估数学模型，对拆建类项目、改建类项目、整治类项目经济测算过程中涉及的基础数据、成本参数、经济评估指标进行规整后形成了一套城市更新项目经济评估标准，并在此基础上搭建了城市更新数据库系统，研发了集城市更新项目经济评估申报、审查、信息检索、统计、分析、归档入库、管理等功能为一体的城市更新项目经济评估系统。在城市更新项目的经济评估审查过程中，研究了大数据技术在经济测算成本参数确定、城市更新单元规划上的应用。具体研究成果如下。

1.经济评估数据标准

通过向政府相关部门咨询了解，同时对已改造的类似项目进行调查对比，并结合定量和定性两种方式进行综合分析，最终确定了城市更新项目经济评估涉及的所有变量，即成本参数。例如：项目开发完成后的销售价格、融资开发规模、项目用地面积、产权认定面积、安置补偿费用、企业停产停业损失、搬迁费用、更新单元规划方案编制费、土地勘测定界费用、房屋现状测量摸查费、不可预见费、各类功能建筑物土建建筑安装成本、装修成本、管理费率、销售税率及费率、项目开发周期、利率、成本利润率等。

2.经济评估模型

在经济评估数据标准的基础上，经过数据调查、整理，通过对具体项目相关变量的细化，能确定本次研究的变量因素。根据拟定的技术思路，能推导出融资建设规模测算的数学模型。即通过对拆建类、永久改建类、临时改建类、整治类四种类型城市更新项目以及"烂尾楼"处理项目的总成本进行核算，并与项目更新完成后的销售收入进行对比分析，能推算出项目更新改造后的利润总额和成本利润率。

珠海市城市更新项目及"烂尾楼"处理项目
经济评估模型

图 6 - 1　经济评估模型目录

3. 城市更新数据库系统

本书研究建立了城市更新大数据中心，搭建了由规划成果、经济评估指标参数、城市更新项目历史数据、基础地理信息数据等多种数据组成的数据库，并在此基础上研发了数据库管理系统，包括数据导入导出、数据检索和数据动态更新等功能，其结构图如下图 6 - 2 所示。

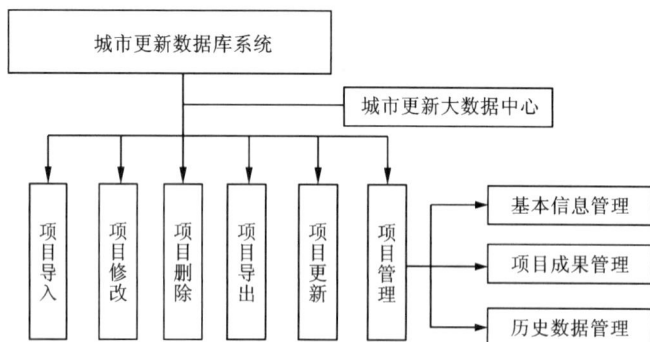

图 6 - 2　城市更新数据库系统功能结构

4. 经济评估平台系统

为了提高城市更新项目及"烂尾楼"处理项目经济评估报告编制、审查工作的规范性和高效性,在此研发了一套从申报到审查、审批的一体化软件系统。即经济评估申报系统、经济评估管理系统和微信公众平台,如下图 6-3 ~ 图 6-5 所示。

其中,申报系统的使用主体为企业申报人员,方便申报人员按照统一的标准和格式填报经济评估报告。经济评估管理系统的使用主体为城市更新主管部门,本系统创新性地融合了经济评估指标、经济评估模型及软件平台,能为城市更新项目及"烂尾楼"盘活改造项目更新单元规划的审查、审批提供决策参考,并为城市更新工作的诚信监管提供依据。微信公众平台的主要用户为分享城市更新成果的微观个体,是一个以公众参与为基础的城市更新微信公众平台,为城市更新信息发布、公众参与调查和互动提供了可行途径,而且用于城市更新的数据管理和发布,能够为城市更新提供更有效的实时信息来源。

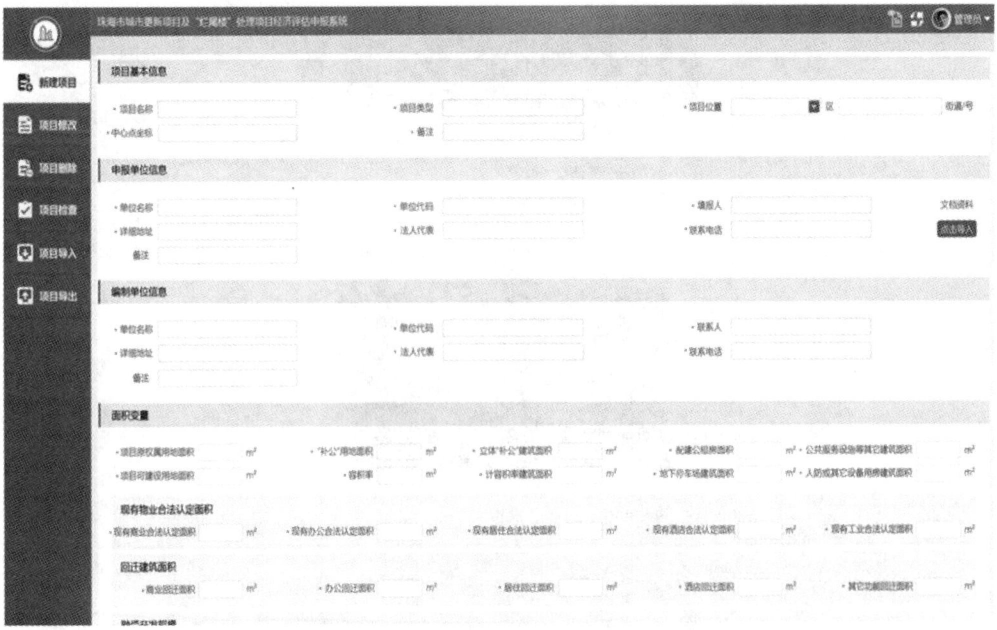

图 6-3　经济评估申报系统界面

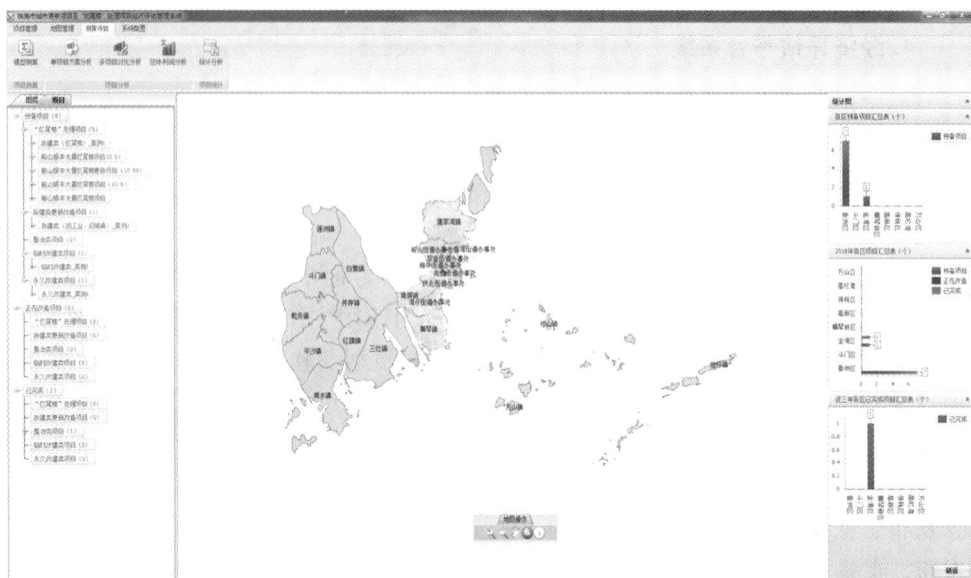

图 6 - 4　经济评估管理系统

图 6 - 5　城市更新微信平台

5. 知识产权应用成果

(1)基于大数据的公厕布局合理性评价。

本发明提供了一种公厕布局合理性评价方法,通过利用百度的人流大数据,并结合公厕数据与路网数据进行分析。与现有模型相比较:本发明在评价过程中考虑到了流动人口对布局的影响,并且评价结果是由实际指标与叠加后的图层分析得出,客观真实,不含人为主观判断成分,解决了城市规划工作者在布置公共服务设施的时候无法准确评判合理性的问题。

(2)空间分析综合应用系统。

空间分析综合应用系统(Spatial Analysis Application System)是一个基于.net及 Arc Object 的空间分析系统,该系统运用空间分析技术,解决了复杂城市环境下道路的求解问题,其原理简单,易于实现,能有效提升信息化、智能化水平,为智慧城市建设提供助力。其中复杂道路环境路径解算是提升城市管理的有效途径,也是测绘智能化的重要组成部分。该管理系统的成功开发,将为类似问题的解决提供案例,并为珠海市节约大量的资金与人力。

系统可以对各种道路数据进行分析,如服务点的分布、路径的优化等即为决策者提供了决策支持。该软件不仅可用于民用领域,也适用于复杂军事环境下相关问题的解决,具有较大的适用空间。

(3)DEM 数据生产管理软件。

该软件主要是以搜集到的中小比例尺地形图为数据源,通过从中提取高程点、等高线和登高面等高程要素数据集,进而基于这些高程要素数据集生产珠海市域范围内数字高程模型数据(DEM)。同时,通过该项工作,研究和探索出一种以中小比例尺地形图高程信息为数据源的 DEM 数据的快速生产、质量检查和入库管理方法,研发了 DEM 数据生产管理系统软件,便于后期整合各种城乡规划、建设等空间信息资源,为规划编制方面的工作提供相关 DEM 数据支撑服务。

6.2　创新点

1. 城市更新发展现状及经济评估工作机制研究

通过整理国内外城市更新发展背景和历程以及相关政策体系,本书系统地梳理了城市更新工作的相关知识,为城市更新工作者和有兴趣的读者提供了丰富的基础资料,具有较大的参考价值。

以珠海市为例,总结了当前城市更新项目经济评估工作的发展现状和工作机制，分析了城市更新经济评估工作中存在的问题和解决方案，为其他城市的经济评估工作提供了参考。

2.城市更新数据中心建设

通过更新项目的积累，逐步细化成本测算指标体系。通过抓取互联网上相关经济测算参数值，利用行业优势，收集、整理全市总规、控规、专项规划等规划类数据，构建城市更新大数据资源中心。将人工核实与大数据技术相结合，使数学模型测算不断接近项目开发实际成本。

3.城市更新大数据研究

数据是支撑城市更新工作科学开展的重要基础性工作，通过整合规划数据、地税地价、项目基础数据、图斑数据、审查审批数据、POI数据、网络爬取资料等多源数据构建城市更新大数据资源库，为城市更新政策研究、规划计划编制、经济测算、项目全生命周期动态监测等工作的开展提供了有力的数据支撑。

4.经济评估模型

在经济评估数据标准体系的基础上，经过数据调查、整理后，通过具体项目相关变量的细化，能确定模型研究涉及的变量因素。通过模拟房地产项目开发过程，一方面考虑项目更新建设需要投入的总成本，另一方面考虑项目开发完成后的市场销售总额（市场价值），进而评估测算项目更新改造后的税后利润总额（净增值）和税后成本利润率。通过更新项目的积累，逐步细化成本测算指标体系，使数学模型测算不断接近项目开发实际成本。

5.经济评估工作平台建设

城市更新项目经济评估系统的建设，将经济评估测算模型与计算机技术结合起来，实现了城市更新改造项目经济评估编制、审查工作的流程化和标准化，为规划决策支持和城市更新信用信息管理提供了依据，并将逐步应用于前期市场分析、项目经济测算、项目可行性研究、规划设计和建筑设计、项目策划定位、税收、金融、法律等领域，其有如下特点。

（1）使评估过程智能化、流程化，提供矛盾预警；

（2）建立城市更新项目"一张图"，集查询统计、坐标定位、交叉对比等功能于一体，通过智能统计图表能实时获取不同功能区、不同阶段、不同时间的项目数；

（3）建立经济评估报告"一张表"，集成经济评估测算指标参数及不同方案的对比信息；

（4）提供城市更新项目在时间维度和空间维度上的经济评估工作对比分析，形成交叉验证，辅助领导决策。

6.3　研究不足与展望

城市更新项目经济评估测算模型及评估系统为城市更新主管部门校核经济评估成果提供了保障，避免了经济评估编制的随意性。但仍有很多需要继续研究的地方，在今后的工作中，将继续研究 BIM 超精细模型在城市公共空间审查、指标控制、建筑面积核算等方面的应用，建立动态的城市体征指标评估体系，构建更加开放的网络化城市共享共治平台，使经济评估工作更加科学、合理、高效，将城市更新与城市更新单元规划结合起来，加强对城市更新中微观个体的研究，使城市更新工作和制度更加人性化。

参考文献

[1] 吴志强，李德华. 城市规划原理(第四版)出版[J]. 城市规划学刊，2010(5)：40.

[2] 阳建强. 西欧城市更新[M]. 南京：东南大学出版社，2012.

[3] 俞孔坚，吉庆萍. 国际"城市美化运动"之于中国的教训(上)——渊源、内涵与蔓延[J]. 中国园林，2000(1)：27 - 33.

[4] M Lashly - J. Case of Berman v. Parker：Public Housing and Urban Redevelopment[J]. ABAJ，1955，41：501.

[5] 方可. 简·雅各布斯关于城市多样性的思想及其对旧城改造的启示——简·雅各布斯《美国大城市的生与死》读后[J]. 国际城市规划，2009，24(S1)：177 - 179.

[6] 曹李. 基于政策工具理论的城市更新政策演进分析[D]. 重庆：重庆大学，2017.

[7] 李艳，陈雯. 欧洲空间展望的简介与借鉴[J]. 国外城市规划，2004(3)：33 - 36.

[8] 黄肇义，杨东援. 国内外生态城市理论研究综述[J]. 城市规划，2001(1)：58 - 65.

[9] 吴晨. 城市复兴的理论探索[J]. 世界建筑，2002(12)：62 - 68.

[10] 李建波，张京祥. 中西方城市更新演化比较研究[J]. 城市问题，2003(5)：68 - 71，49.

[11] 《关于推进"三旧"改造促进节约集约用地的若干意见》(粤府[2009]78 号)

[12] 《广东省人民政府关于提升"三旧"改造水平促进节约集约用地的通知》(粤府[2016] 96 号)

[13] 《珠海经济特区城市更新管理办法》(珠海市人民政府令第 114 号)

[14] 市住房和城乡规划建设局和市国土资源局《关于加快珠海市"烂尾楼"整治处理的实施意见》(珠规建更规[2017]2 号)

[15] 《国有土地上房屋征收与补偿条例》(中华人民共和国国务院令第 590 号)

[16] 珠海市人民政府《关于印发珠海市国有土地上房屋征收与补偿办法的通知》(珠府[2017] 75 号)

[17] 珠海市人民政府《关于印发珠海市地价管理规定的通知》(珠府[2016]6 号)

[18] 《城镇土地估价规程》(GB/T 18508—2014)(2014 年 12 月 1 日起实施)

[19] 国土资源部办公厅关于发布《国有建设用地使用权出让地价评估技术规范(试行)》的通知(国土资厅发[2013]20 号)

[20] 《中华人民共和国国家标准房地产估价规范》(GB/T 50291—2015)

[21] 《房地产估价基本术语标准》(GB/T 50899—2013)(2014 年 2 月 1 日起实施)

[22] 中华人民共和国住房和城乡建设部制定的《国有土地上房屋征收评估办法》(建房[2011] 77 号)

[23] 张浩彬，赵自力，等. 珠海城市更新项目规划方案量化分析[J]. 城乡建设，2019 (9)：33 - 36.

［24］张浩彬，赵自力.城市更新数据体系探索和建立——以珠海市为例［J］.建筑工程技术与设计，2017(21)：71-71.

［25］王冀.合理确定"三旧"改造项目容积率的探索——以珠海市为例［J］.规划师，2011(6)：76-81，86.

［26］马奔.浅议城市更新的规划编制问题［J］.四川建筑，2017，37(1)：4-7.

［27］陈群元，喻定权.对房地产开发主导下的旧城改造的思考［J］.城市，2011(6)：19-22.

［28］陆枭麟，皇甫玥.基于经济分析确定控制性详细规划中用地容积率的方法探讨——以太仓市西区控制性详细规划为例［J］.江苏城市规划，2015(12)：31-36.

［29］刘骏，蒲蔚然.基于经济可行性要求的居住用地容积率控制［J］.城市规划，2012，36(11)：70-73.

［30］黄明华，黄汝钦.控制性详细规划中商业性开发项目容积率"值域化"研究［J］.规划师，2010，26(10)：28-33.

［31］尹贵.基于经济视角的城市旧区开发强度控制研究［D］.重庆：重庆大学，2010.

［32］王志.开发商确定容积率的经济分析［J］.山西建筑，2009，35(32)：237-238.

［33］黄涛.旧城更新中地块容积率取值区间定量控制方法研究［D］.重庆：重庆大学，2009.

［34］蒋浩.当前经济效益评价指标方法研讨［J］.工程经济，2015(7)：97-101.

［35］邝瑞景.城市更新中的经济评估研究［J］.中华民居，2012(8)：67.

图书在版编目(CIP)数据

城市更新与经济评估研究：以珠海市为例／赵自力
著. —长沙：中南大学出版社，2020.4
ISBN 978 - 7 - 5487 - 4009 - 4

Ⅰ. ①城… Ⅱ. ①赵… Ⅲ. ①城市经济—经济评价—
研究—珠海 Ⅳ. ①F299.276.53

中国版本图书馆 CIP 数据核字(2020)第 043627 号

城市更新与经济评估研究
——以珠海市为例

赵自力　著

□**责任编辑**　史海燕
□**责任印制**　易红卫
□**出版发行**　中南大学出版社
　　　　　　　社址：长沙市麓山南路　　　　邮编：410083
　　　　　　　发行科电话：0731 - 88876770　　传真：0731 - 88710482
□**印　　装**　长沙市宏发印刷有限公司

□**开　　本**　710 mm × 1000 mm 1/16　□**印张** 11.75　□**字数** 233 千字
□**版　　次**　2020 年 4 月第 1 版　□2020 年 4 月第 1 次印刷
□**书　　号**　ISBN 978 - 7 - 5487 - 4009 - 4
□**定　　价**　58.00 元